GREAT BREAKTHROUGHS IN TECHNOLOGY

The scientific and industrial innovations
that changed the world

进击的技术

塑造世界的科技突破

［英］罗伯特·斯奈登◎著　　马丽群◎译
（Robert Snedden）

电子工业出版社
Publishing House of Electronics Industry
北京·BEIJING

技术史类书籍在科普书中呈现出类似可见光谱的样式。如果说偏红色的一端代表着对技术发展历程一板一眼的考据，那么红色的技术史书籍往往细节严谨，工作原理解释到位，仿佛一部没有情感色彩的编年史，或者技术发展目录，很少有人能耐住性子把它全部看完。假如偏紫色的一端代表着人类技术史中的趣事，那么紫色的技术史书籍则多了一重故事性，记录着那些令人津津乐道的得与失，这类书籍看起来就轻松多了。中文领域技术史方面的科普书主要集中于后者，尤其是针对青少年出版的各类科学发明、发现的励志故事书。这个现象与中小学生的实际需求密不可分，他们在写议论文时往往需要使用此类知识作为论据。所以，当成年人看到一些书的内容主要围绕爱迪生、瓦特或是牛顿的时候，他们往往会认为那是一本青少年读物。

如果让我在可见光谱中为本书选择一种颜色，它大约处于橙黄色区域。一方面，它虽偏重技术史的考据，但并不是一本完全枯燥的技术编年史，因为它是按照学科领域进行分类的，比如运输技术、飞行技术、数字技术、机器人与人工智能技术。另一方面，它还着重梳理了每种技术从出现到普及的过程。因此，在你读完这本书之后，不会认为它仅仅是一本青少年版科普读物。

典型的青少年版科普读物一般会给读者留下两个印象：

1. 技术突破是横空出世的，是发明家、科学家的灵光乍现。

2. 新发明的出现，主要归功于发明者的努力。

实际情况并非如此，故事化的讲述让人们把技术发明的过程"卡通化"。在卡通世界里，有绝对的好人和绝对的坏人，正义必然战胜邪恶，而英雄往往凭一己之力就可以取得惊人成就。然而，现实世界中的所有人都是灰色的，正义与邪恶之间也并非总是一方压倒另一方的简单关系，有时矛盾双方往往都持有充分的理由，谈不上哪一方代表着绝对正义。

每个重大的技术发明都存在这样的规律：那些发明家、工程师和科学家，只是在新发明所需要的前提条件全都铺垫好的时刻，刚好站在了风口处。于是，他们幸运地被历史所铭记。其实，即使爱迪生压根就没在地球上出现过，电灯之类的东西也依然会在 1879 年前后被发明出来；哪怕马可尼这个小伙子当年去读大学，然后投身科研并当上教授，根本没有产生发明无线电的念头，无线电也依然会在 1895 年前后被其他人设计出来。除此之外，还有大家比较熟悉的特斯拉，以及俄国的波波夫等发明家，他们的发明过程都值得我们深入了解。这本书还会提到重大技术发明背后的其他关键人物。也许大众普遍认为贝尔是电话的发明人，但这本书会告诉你，意大利人安东尼奥·梅乌奇所做出的贡献一点不比贝尔少。同样，格雷和爱迪生也几乎在同一时期为电话的诞生做出了相似的重要贡献。

在你读过这本书以后，就会理解技术创新的出现完全不是凭一个天才或者一个精英团队，十年如一日攻坚而成的。技术创新的出现应该是这样一幅全景图：那是一大片早已施足了肥，充分沐浴了阳光的土壤。有人播下了一把种子，没人说得清哪颗种子会最先发出芽，反正等到春天的时候，总有那么几株农作物长得最茁壮。这几株最惹眼的农作物就是那些被写进技术史或教科书中的杰出发明家和创新者。实际上，那片土壤上还有次一级和再次一级的杰出发明者，这些充满创新精神的人们同样不断突破技术天花板，为人类技术的发展做出贡献。

近代以来，中国一直非常看重技术的力量。从"师夷长技以制夷"到"科技是第一生产力"，各个领域都经历了从追赶到自我创新的状态转变。通过这本书，我们可以大致领略技术创新的风貌，从而为技术创新之路的未来走向做出清晰的判断。

在此，我向大家推荐这本书。

卓克

科学作家

科技史画卷

打开这本书，就像是第一次打开《格物致理》一样，我们的眼前瞬间展开了一部历史画卷。这部画卷展示的是人类所经历的重要技术突破的时刻，人类会取火了，人类能够计算了，人类会写字了，人类发明了蒸汽机，人类发明了电动机，人类有了宇宙飞船……从远古走到今天，人类像是一个初生婴儿，一点一点长大，一点一点积累生存和成长的知识和技能。21 世纪出生的你，不需要经历上万年去研究这些知识和技能，只需要通过二十几年的学习就可以成为某个领域的能手，为什么呢？因为通过二十几年的学习，你就可以积累人类经过上万年才"发现"的科学和"发明"的技术，你的成就在重演人类发现和发明的历程。

本书也讲了很多物理知识，但是与《格物致理》不同，作者特意在开篇就强调了科学与技术的不同：人们经常交替使用"科学"和"技术"这两个词，但它们从本质上来说是不同的。科学主要是探究宇宙的起源、运转规律等内容，而不是开发新技术。技术则更注重寻找能够将这些知识应用于实际的方法。科学解释事物的因果，技术则告诉我们如何利用这些因果。科学研究的是世界的本质，技术则负责寻找操控世界的方法，从而创造新的、对人类有用的东西。正是基于科学与技术的不同，作为姊妹篇的两本书，《格物致理》重点展示的是物理学中科学发现的历史，这本书则更侧重于讲述技术发明的历史，虽然两者都是物理知识的组成部分，密不可分，却各有侧重。

在《格物致理》中我们认识了许多科学家，他们通过发表论文向全人类分享了自己的科学发现；在这本书中，我们则认识了许多发明家，他们通过申请专利向世界宣布了自己的技术发明。科学家和发明家虽然有区别，但是他们也有一个共同特点，那就是他们的发现或发明的成果最终是要分享给全人类的，而不是作为"秘籍"，秘籍要么只在自己的门派传承，要么只在自己的家族里传男不传女。突破了秘籍的束缚，人类才迎来了"进击"的时代。

到底是不是贝尔发明了电话？到底是特斯拉更厉害，还是爱迪生更厉害？虽然我们也会在这本书中经常看到发明家们为了争夺一项专利产生矛盾，但是作者也让我们从这些历史事件中认识到了在技术不断突破的今天，知识产权的重要性。西方国家的知识产权体系已经发展了四五百年，我们怎样在 21 世纪的今天弄懂游戏规则？我们能够参与到这个"游戏"中来吗？这本书给我们提供了很多鲜活的案例，同时也留给了我们许多值得思考的问题。

读这本书要比读《格物致理》多用很多时间，因为值得思考的问题太多了，我常常掩卷沉思。1790 年，瓦特系统改造了纽科门发明的蒸汽机，不需要靠近水源也可以提供持续的动力，标志着英国正式开启了工业革命，那时候中国在忙什么？乾隆皇帝正在庆祝 80 大寿。1800 年，伏特发明了"伏打电堆"，使生产稳定的电力成为可能，那时候中国在忙什么？嘉庆皇帝正在反腐和镇压叛乱。1821 年，法拉第发明了第一台电动机，那时候中国在忙什么？道光皇帝正在解决八旗子弟的口粮问题。在这本书里，我们看到一串串不想看到的年份，1840 年、1842 年、1856 年、1860 年、1895 年、1900 年……在那个中国被动挨打和屈辱地签订不平等条约的年代，西方国家却不断取得一个个技术突破。我们为什么会遭到西方国家长达百年的凌辱？因为当时中国穷吗？不是，1800 年所在的那个世纪，中国的 GDP 全球第一。但是，一个没有科学技术支撑的国家，难以真正屹立于世界强国之林。今天，我们再来回顾那个西方国家科技高速发展的年代和那个让中国饱受屈辱的年代，以史为镜，我们仍然需要"师夷长技"，早日成为科技强国。

我能有幸为《格物致理》写推荐序，是因为我的学生——19 岁的何佳茗，她在 2020 年新冠肺炎疫情爆发期间滞留美国继续求学，她在孤独中坚毅地完成了《格物致理》中 8 个章节的翻译，他的父亲何万青博士在万里之外支持着女儿的科普行动，合作翻译了剩下的 4 章内容。我深深地为他们的科普决心和父女默契而感动。不过，我也一直想问何博士和佳茗一个八卦的问题："父女都忙着翻译的时候，妈妈在干什么？负责端茶倒水、相夫教女吗？"当然，我没好意思开口，以免让妈妈感到尴尬。看到这本新的译著问世，我藏在心里的问题得到了最完美的解答——原来佳茗妈妈马丽群翻译了《格物致理》的姊妹篇！多么让人羡慕的一家三口，我好像看到了天空中成排飞翔的鸿雁，怀着拳拳赤子之心飞向自己的祖国！

我荣幸地争取到了第二次写序的机会，上次我把《格物致理》推荐给中小学师生，这次我要把这本书推荐给中国父母和孩子们，读着一家三口翻译的巨著，你们一定会喜欢上这套科技史画卷。

姜冬梅

香港青少年科学院终身荣誉院长

中国碳中和发展集团首席科学家、战略发展委员会主席

人与动物的根本区别是，人会直立行走和使用工具，直立行走让人获得了更广阔的视野，刺激了大脑的发育，更重要的是解放了双手，让使用工具成为可能。人类社会的发展史，从某种意义上说是工具的发展史，从石块、树棍，到火、冶金、蒸汽、电能，再到数字化信息，人类所使用的工具从物质到能量再到信息，得益于技术的发展和科学的发现。本书作者串联起人类技术发展的脉络，有助于我们厘清科学与技术的关系，不再单纯地拘泥于争论是科学引领技术，还是技术引领科学，转而坚信实践是检验真理的唯一标准。

人区别于动物的精神追求促使我们不断仰望星空，火箭技术从无到有，太空技术从弱到强，科学技术的发展有力支撑着人类对浩瀚苍穹的无垠探索、对星辰大海的梦想追逐。关于数字化社会的发展将走向何处，下一代智能技术何时引爆奇点等问题，本书作者从不同视角进行了梳理和分析，有助于我们深入思考科学技术与人类生存发展的关系，认识科技改变生活的过程，以及全社会普及科学精神的重要性。

今天，我们生活在科技产品和服务无处不在的环境下，面对层出不穷的新概念、新技术，这本书有助于我们溯本求源，梳理各类技术从零到一的进击之路，形成正确的科技探索和认知体系。

卢宇彤
中山大学教授、国家超算广州中心主任

Contents | 目录

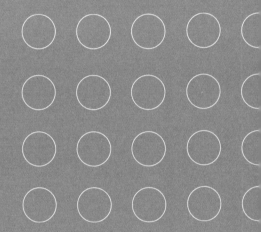

GREAT BREAKTHROUGHS IN TECHNOLOGY

The scientific and industrial innovations
that changed the world

第一章

火与金

火与金

金属制造技术发展时间线	
约 330 万年前	早期人类制造了最早的工具。
约 160 万年前	直立人通过打磨或使岩石剥落的方式，发明了锋利的阿舍利工具。
约 40 万年前	人类开始造炉生火。
约 20 万年前	尼安德特人和能人开始利用叩击取火技术燧石生火。
约公元前 29000 年	下维斯特尼采的维纳斯（Venus of Dolní Věstonice）这一雕塑诞生。
约公元前 20000 年	早期陶器在中国仙人洞出现。
约公元前 5000 年	人类开始冶炼铜。
约公元前 3000 年	早期的冶金家将铜和锡混合，炼成青铜。
约公元前 1200—公元前 1000 年	铁器制造技术在地中海和近东地区传播。

人们经常交替使用"科学"和"技术"这两个词，但它们从本质上来说是不同的。科学主要是探究宇宙的起源、运转规律等内容，而不是开发新技术。技术则更注重寻找能够将这些知识应用于实际的方法。科学解释事物的因果，技术则告诉我们如何利用这些因果。科学研究的是世界的本质，技术则负责寻找操控世界的方法，从而创造新的、对人类有用的东西。

科学发现可以激发技术创新，还可以进一步推动新方法的诞生，但这并不意味着技术发展总是与科学发现同步而行。可以说，人类在成为科学家之前就已经是技术专家了。在掌握金属提炼技术几千年后，人类才科学地解释了金属的性质。

学会制作石器工具和控制火源，是人类早期技术发展过程中的两个重要事件。石器工具制造技术的发明是人类进化的重要转折点之一。这可以追溯到约 330 万年前，大约比能人的出现早 300 万年。由此看来，某些技术出现的时间可能比现代人类出现的时间还要更早一些。

工具制造者

2011 年, 考古团队从肯尼亚图尔卡纳湖畔的洛迈奎 3 号考古遗址中发掘出迄今最古老的石器。虽然洛迈奎工具的制作工艺较为粗糙，但它记录了原始人从简单地用石头敲击物体到有意识地打磨岩石以制造锋利工具的

▶肯尼亚图尔卡纳湖，它是迄今发现的最古老的石器遗址之一

▶ 200 万年前产自东非奥杜瓦伊峡谷的切割工具

重要进步。据推测，洛迈奎工具的制造者是用双手来打磨石片的。在打磨过程中，他们把石芯放在一块大砧石上，然后用锤石敲击它。洛迈奎工具的出现时间很可能比智人的出现时间早将近 50 万年，其制造者可能是 320 万年前生活在埃塞俄比亚的原始人——阿法南方古猿，以及 1998 年在洛迈奎遗址附近被发现的肯尼亚平脸人。

美国纽约州立大学石溪分校的索尼娅·哈曼（Sonia Harmand）和她的研究团队在寻找肯尼亚平脸人遗址时，偶然发现了洛迈奎工具的第一手证据。当时团队成员拐错了弯，意外发现了哈曼所说的那些作为确凿证据的石器。

此前，奥尔德沃的工具制造业被公认为是历史最悠久的。它是以东非奥杜瓦伊峡谷命名的，该峡谷距离首次发掘出洛迈奎工具的图尔卡纳湖约 1000 千米。至今，人们还未发现洛迈奎工具和奥尔德沃工具及其制造者之间究竟存在何种联系。历经数十万年，石器制造技术或许曾出现过，也可能消失过，几度改头换面。

奥尔德沃工具的生产可以追溯到 260 万年前，包括锤石和锋利的石片，不过它使用的石头比洛迈奎工具的要小一些。一些洛迈奎工具重达 14 千克，约为奥尔德沃工具的 10 倍。如此沉重的工具到底是用来干什么的呢？奥尔德沃工具的成型方法是，人们两只手各拿一块石头，然后以合适的力度和角度互相击打，以形成锋利的薄片，相比之下这种制作方式更为灵巧。

通过分析这些薄片，研究人员发现一些薄片主要是用来屠宰动物和切割植物的，另外一些薄片则用于切割和刮削。

奥尔德沃工具最有可能是由能人制造的。在埃塞俄比亚发现的最古老的能人化石的地点，与迄今为止发现的最古老的奥尔德沃工具的制作地点仅间隔约 5 千米。石器工具技术的下一次进步，发生在大约 100 万年以后。直立人是现代人类祖先的近亲，其学会了先掰碎较大的岩石薄片，然后通过折断或敲碎较小的薄片来磨利它们。这场发生于大约 160 万年前的技术革命标志着阿舍利工具的出现。阿舍利工具是以法国圣阿舍尔附近的一处遗址命名的。1847 年，人们在遗址处发现了第一批阿舍利工具。

▶阿舍利石斧的每一面都呈薄片状，其边缘非常锋利

最具代表性的阿舍利工具是石斧。这些石斧长为 10~20 厘米，外观通常是梨形、水滴形或圆形的。石斧是双面的，每面都呈薄片状，其有多种用途，例如，砍伐木材、屠宰和剥皮。从西欧到印度，从北欧到非洲南部，大片区域内均出土了阿舍利石斧。

驯服火

很难确定我们的祖先是何时初次发现火的，火虽然危险，但可以为人所用。这一领悟是人类通往文明道路上的重要一步，火为人类带来光明、温暖、庇护及更为健康的饮食。查尔斯·达尔文（Charles Darwin）认为，驯服火是人类仅次于习得语言的重大成就。

▶南非 Wonderwerk 洞穴，是最古老的人类居住地之一

一些尚存争议的证据表明，在 150 万年前，早期人类就开始有意识地与火互动了。在肯尼亚的库比福拉和切苏旺加的部分地区，石器工具的历史可追溯至 150 万年前。人们在那里发现了一片片发红的土壤。几乎可以肯定，这些火场是由诸如闪电之类的自然现象造成的，并非人类故意为之。20 世纪 80 年代，考古学家在南非斯沃特克兰斯洞穴考察时，发现了一些在 100 万至 150 万年前被焚烧的骨骼。分析结果表明，这些骨骼被焚烧

▶来自坦桑尼亚的哈扎比人用一种已经使用了几十万年的技术来生火

时的温度比大多数野火更高，几乎与篝火的温度一致。尽管这个证据很有说服力，但也并非完全无可争议。

Wonderwerk 洞穴也位于南非，是已知的最古老的人类居住地之一。有证据表明，人类和他们的类人猿祖先，都将那片区域作为庇护所，长达 200 万年之久。此外，那里还留有居住者使用火的痕迹。研究人员在发现阿舍利石器的洞穴中鉴定沉积物形成时间的时候，意外发现了大约 100 万年前的史前篝火的痕迹。他们鉴定了那些碳化的植物遗骸和烧焦的

▶ 直立人的头骨——直立人是我们的近亲中存活时间最长的，栖居于地球将近 150 万年

动物骨骼，断定燃烧发生在洞穴中 30 米以内，因此火不太可能是被风从外面吹进洞穴的。进一步的分析表明，这些残骸曾达到与足以点燃树枝、树叶和草的小火苗一致的温度。

Wonderwerk 洞穴中的新发现支撑了哈佛大学人类学家理查德·兰厄姆（Richard Wrangham）提出的"烹饪假说"，该假说认为烹饪的主要影响是刺激了早期人类的进化。160 万至 180 万年前，直立人出现了，它是一个与智人截然不同的物种。直立人的大脑更大，牙齿更小，身体构造更接近如今的人类。兰厄姆认为，火是影响直立人进化的主要因素。因为火烹过的食物更易消化，能够为需要能量的大脑提供额外的卡路里，还有提供温暖及保护自己免受捕食者伤害的好处，因此直立人拥有更加充分的时间去制作工具，甚至有进一步发展语言的可能。

控制已经在燃烧的火是一回事，重新生火则完全是另一回事。大量证据表明，大约 40 万年前，人类已经能够建造可供反复使用的炉灶，这说明他们那时已经懂得如何利用火，但还未学会生火。至于取得这一关键性突破的具体时间，还有待研究人员的进一步考察。目前，尚无确凿的证据能够说明人类究竟是何时从火的使用者进化为火的制造者的。

今天的狩猎采集者，比如生活在非洲南部卡拉哈迪沙漠边缘的一部分人，采用钻木取火的方法生火，这种方法可以追溯到史前。他们使用两种不同类型的木头来生火，一种硬质木材被用于钻孔，另一种软质木材被当成基座。钻杆被放置在基座的凹槽中，需要用双手快速旋转它，使其与基座之间充分摩擦。这种生火方法难度极高，需要使用很大的肌肉力量去控制工具才能产生足够的热量。

还有一种方法是击石取火法。当燧石被含铁的岩石（如黄铁矿）击打时，会产生火花，如果技术娴熟，便能利用这些火花去生火。有证据表明，尼安德特人和能人大约在 20 万年前就掌握了这种生火的方法。考古团队在许多古代能人的遗址中发掘出了燧石工具，这些工具很可能是专门用来生火的。不过，尼安德特人遗址中的燧石工具似乎有更多用途，比如用于屠宰动物。

莱顿大学的考古学家安德鲁·索伦森（Andrew Sorensen）开展了一项实验，他检测了法国的尼安德特人遗址中的燧石工具。这些工具上的条纹表明它们曾被一种坚硬的矿物反复击打。进一步的实验通过使用燧石工具复制品完成不同任务的方式复现其条纹，这说明不仅使用黄铁矿敲击燧石可以产生火花，还证实了由此产生的印记与尼安德特人燧石工具上的条纹最为接近。

陶器

1925 年 7 月，在布尔诺南部的旧石器时代定居点遗址，即如今的捷克共和国，人们发现了一个雕塑。这个被称作下维斯特尼采的维纳斯的雕塑据推测是在约公元前 29000 年制作的，是迄今发现的最古老的陶制品之一。

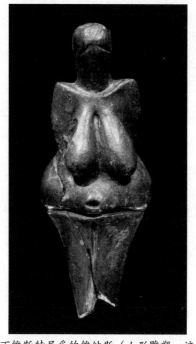

▶下维斯特尼采的维纳斯（人形雕塑，这是
迄今为止发现的最古老的陶制品之一）

烧制黏土是人类开发技术以
创造新材料的一个例子。黏土是
一种易于成型而又十分常见的天
然材料，制陶技术很可能是由分
布于不同地区的人们分别发现的。
最早拥有实际用途的陶器出土于
中国仙人洞,这些陶器已有 2 万多
年的历史,大约源于上一个冰河
时代的鼎盛时期。

早期理论将制陶技术的发展
与农耕时代的居住模式联系在一
起,但是尚无确凿证据可以佐证
这个观点。事实上,来自仙人洞和
其他遗址的证据表明,在人类步
入农耕时代之前,陶器就已经被
使用超过上万年了。这引发了一

个尚未被完全解答的问题,那就是当时
人们究竟出于何种原因开始制作陶罐。
出土于仙人洞的陶器碎片上的焦痕表
明,其是用来做饭的。不过,它们可能
还被当作储存或保鲜的器皿。这两种用
途对冰河时代的狩猎者来说都有好处,
因为陶器能够帮助他们从稀缺的食物
资源中获得更高的营养价值。

▶这个来自仙人洞的陶罐是在冰河
时代末期制作的

早期陶器是用手将黏土捏制成型，然后在明火中硬化而成的。最初的制陶工艺使用明火或坑火技术，人们几乎无法控制其烧制过程。坑火技术就是指在地面上挖一个坑，把捏制成形的陶土放入其中，然后在其上覆盖可燃材料，点燃并烧制数小时。

金属与开采

金属在人类文明发展中所起的作用巨大，金属的提炼和加工是关键进步。

人类最早使用的金属是铜、银和金，它们通常以金属形态或天然状态被开采。与大多数金属一样，铜普遍以纯金属块的形态存在，通常与其他物质共同作为岩石矿石的一部分。将铜和其他金属从矿石中提炼出来的过程被称为冶炼，金属的冶炼往往需要极高的温度。

铜的提炼已有大约 8000 年的历史。第一个观察到金属冶炼过程的人很可能是某位试验新的烧陶技术的陶工。冶炼铜对于温度的要求极高，需将矿石加热到超过980 摄氏度才可以实现。这样的高温对于明火来说绝非易事，但在窑炉中却可以轻松实现。我们可以想象到那个画面，某位名不见经传的陶工津津有味地看着一条闪闪发光的熔融金属小溪从他面前的窑炉中缓缓流淌出来。

▶ "Ötzi" 携带着这样一把铜刃斧头，他
的尸体在冰川中保存了 5000 多年

长期以来，人们认为在土耳其恰塔霍裕克新石器时代遗址中发现的少量铜渣，是从矿石中提炼铜的最早证据。不过，随后的研究结果证明，它是颜料所含的绿铜矿在燃烧时发生高温反应所产生的意外结果。目前已知的最早有意从矿石中提取铜的例子可以追溯到公元前5000年左右，发生在欧洲东南部和伊朗。

在发明冶炼技术的同时，人类开始意识到天然铜可以被熔化并在模具中铸造成所需的形状。出土于巴尔干地区的铜斧可以追溯到公元前4000年，是最早的金属铸造工艺产物之一。

随着冶炼技术的发展，提供金属冶炼原料的必要性越发明显，资源需求促进了采矿技术的发展。最简单的采矿活动早在50万年前就已出现，那时候我们的祖先已经学会从地面开采燧石来制作工具。石器时代的矿工先开凿验洞，如果燧石被成功定位，他们则将范围扩展到坑壁倾斜的宽坑中，然后继续向下延伸。当发现含有燧石的石灰基岩变得更加稳固时，便可以挖掘出水平的竖井。

英国塞特福德附近有一个令人印象深刻的燧石矿，它位于已有5000年历史的格莱姆墓穴矿井群附近。这里最深的竖井深度超过12米，宽度大多为4到8米。每建造一个竖井都需要清除数千吨的石灰岩，而这项惊人的壮举是在没有金属工具的情况下完成的。当时的人们以鹿角作为镐头，用动物肩胛骨作为铲子，辛苦劳动数月才完成了这个艰巨的工程。

在格莱姆墓穴中开采燧石时没有使用金属工具

对早期矿工来说，开凿岩石以获得他们所需要的矿石是一项巨大的挑战。他们发明了一种革命性的技术来推动开采活动的开展，那就是生火。首先，他们加热岩石以使其发生膨胀反应，然后用冷水浇灌令其收缩，最好是出现裂缝。这是采矿技术最早的重大进步之一。在巴尔干半岛和西奈半岛，人们已经发现了大约 6000 年前用于挖掘铜矿的竖井。在竖井附近发现的那些坩埚表明，矿石的冶炼同样在采矿区进行。

大约在 5000 年前，人类发现将铜与其他物质混合或铸成合金，可以产生更坚硬的金属，这意味着技术和文明又向前迈进了一步。铜本身是一种硬度不高的金属，这使得它在制造工具方面的用途有限，但在铜中添加锡后产生的合金要比这两种金属本身的硬度更高，而且还多了易于铸造的额外优点。通过观察和实验，人类发现将合金中锡的含量增加到 10%以上，所产出的合金更脆，因而用这种合金制造的工具会更容易断裂。

早期生产铜的尝试大多是用炽热木炭加热硫化铜矿石，由此可以产出砷铜合金，这种合金明显要比纯铜更硬。第一块铜锡合金的产生可能出于偶然事件，如果当时的矿石中含有锡矿，那么就有意外生产出铜锡合金的可能。约公元前3000 年，原始冶金学家已经开始有意识地将铜矿和锡矿混合在一起，这预示着青铜时代的到来。

▶ 青铜被用于工艺品制作，这个产自苏美尔的牛头饰品已经有将近 5000 年的历史

　　青铜时代从公元前 3500 年持续到公元前 1000 年，大约持续了 2500 年。青铜是第一种被用于工业制造的金属。青铜制品能够打造出锋利的刃，而且青铜的熔点比纯铜低，也更易铸造成型。在青铜时代，人类文明兴衰起落，锡成为生产青铜和其他物品的关键原材料，当时还出现了专门的贸易路线来提高锡的运输效率。

　　大约在公元前 1200 年，技术的进步开创了属于金属的全新时代——铁器时代。有证据表明，早在公元前 3000 年，陨石中的铁就已经被用来制造工具和武器了，例如，在图坦卡蒙的墓中人们发现了一把金属匕首。但是，从矿石中提炼金属很可能是在公元前 2000 年左右的安纳托利亚（Anatolia，今土耳其）和波斯（Persia，今伊朗）的铜冶炼炉中偶然实现的。

　　炼铁的主要燃料是木炭。木炭燃烧时产生的温度不但高于燃烧木材的温度，而且还会产生化学反应，主要是从铁矿石中释放一些杂质。风箱的发明使得空气和氧气能够被泵入炼铁炉，从而提供炼铁所需的高温。那些被称为渣坑或者布卢姆炉的古老窑炉无法达到熔化铁所需的温度。更确切地说，它们烧制出的是铁坯。铁坯是一种由纯铁和其他物质组成的混合物，它需要被反复加热和锤击来精炼，通过这种方法制成的铁被称为熟铁。

▶古代布卢姆炉的现代复制品

　　尽管铁比铜更硬，但是铁能够取代青铜的地位并不是因为它的质量更好，而是因为铁是地球上第四常见的元素，更容易大量开采。约公元前1200年至公元前1000年，铁器制造技术在地中海和近东地区迅速传播，铁器贸易活动也得到普及（特别是农具和武器）。耐磨损工具的大量供应，显著促进了农业产量的提高及定居地数量的增加。不过，铁器的大量使用也有一个缺点，就是让更多的人获得了可能伤人性命的武器。

▶公元前8世纪来自伊朗的剑，
铁器时代是一个武器和工具并
存的时代

第二章

农耕时代

农耕时代

农业和建筑技术发展时间线	
约公元前 8000 年	新月沃土（Fertile Crescent）地带开始发展农业。
约公元前 7500 年	最早的砖结构建筑在底格里斯河流域建成。
约公元前 6000 年	耐风雨的木质建筑开始采用抹灰篱笆墙技术。
约公元前 5500 年	美索不达米亚人发明犁。
约公元前 3100 年	埃及美尼斯国王发起一项需要利用运河和水坝的大型灌溉工程。
约公元前 3000 年	古埃及人发明沙杜夫（即桔槔，一种从低处向高处汲水用的提水装置）。
约公元前 1000 年	波斯人发明坎儿井（从山上向平原引水的暗渠）。
约公元前 2 世纪	罗马人发明混凝土。

农业的发展是人类历史上的里程碑事件。农业不仅改变了人类社会的结构，还优化了人类的居住环境。现代人类出现的最早时间大约为 20 万年前，但在这期间几乎没有形成农业社会。农业的起源，以及随之形成的定居式生活方式大约可以追溯到 1 万年前，那时，最后一个冰河时代即将结束。与此同时，农业几乎同时在世界不同地区开始发展。随着农业的进步，人类需要定居点以便照看庄稼和动物，因此出现了新的需求，即安全、永久的庇护所。

最早的农业社会出现在中东的新月沃土地带，包括黎凡特、美索不达米亚，位于今日的以色列、巴勒斯坦、黎巴嫩、约旦部分地区、叙利亚，以及伊拉克和土耳其的东南部、埃及东北部。长期以来，人们一直认为农业是由一群人共同发展的，他们聚集于同一地区并分享彼此的想法。然而，最新的研究成果证明这个假说是错误的。在新月沃土地带，似乎有许多毫无关联的群体在同一时期开始农耕活动，但这些群体之间并没有进行沟通。

在成功种植农作物并收获后，人们还需要选择安全的地方去储存农产品。第一个人们专门建造的谷仓可以追溯到公元前 9500 年左右，它位于死海附近约旦河谷的德拉地面以下约半米处。这个谷仓的面积约 3 平方米，共有两层。拥有一个安全的粮仓对于维持整个冬天的食物供应至关重要，同时也有助于技术的进一步发展。因为只有在确保自己能填饱肚子的情况下，人类才有时间专注于其他事情。

▶底格里斯河流域是地球上最早形成农耕的地方之一

公元前 5500 年左右，第一台犁在美索不达米亚地区被发明。自此，人类开始了真正意义上的拓荒。人类最早使用的犁十分简易，基本上只是一根被削尖的树枝，它被用来当作播种前破土的挖掘棒。后来，人们在棒子上安装把手，使它更容易挖开土壤。在人类开始驯养牛以后，耕种活动变得轻松了一些，因为牛为人类提供了重要的辅助力量。制作轻犁（Scratch Plough，又称 Ard）所需的条件并不算多，人们只要在挖掘棒上安装轭，就可以将它套在牲口身上。不过，轻犁浅耕也有其局限性，这种耕作法只适合在浅沙土上挖沟。大约公元前 1000 年，第一批铁头犁出现了。铁头犁有锋利的刃口，因此犁头可以轻易地穿过厚重、潮湿的土壤，它逐渐取代了工艺粗糙的轻犁。

▶人们利用动物，使耕作变得更容易

灌溉

　　种植作物需要水资源。早期农民只能依赖雨水，但是降雨时间并不总是确定的。因此，不管农业在哪里发展，相关地区的灌溉系统也会迅速发展。有证据表明，美索不达米亚和埃及尼罗河谷一带的灌溉系统至少可以追溯到公元前 6000 年。在埃及，每年尼罗河的洪水都会被引流到田地里，这使得农民可以在土壤干旱且难以种植庄稼的地区种植农作物。

　　美索不达米亚地区的底格里斯河和幼发拉底河的洪水也以同样的方式为人们所利用。这几条河流的汛情比尼罗河更难预测，甚至可能发生更加严重的洪水灾害。所以，苏美尔人用芦苇、棕榈树干和泥巴筑起堤坝，用可以打开和关闭的闸门来控制洪水，并挖掘运河来引导水流，这被认为是有史以来最早的水利工程。苏美尔系统并不完美，这种分流方式会导致盐分在土壤中堆积，最终使土地变得贫瘠且不宜耕种。

　　约公元前 3100 年，埃及美尼斯国王发起了一项大型灌溉工程，包括修建水坝和运河，其中一条运河长约 20 千米，它能够将洪水分流到被用作水库的莫尔里斯湖。

　　如何将运河中的水送往地势更高的地区是一个难题。美索不达米亚地区的人们发明了沙杜夫，这种方法后来被埃及人普遍接受。沙杜夫是一种原理简单但十分有效的工

▶ 亚述的滑轮系统

▶沙杜夫，简单、有效且易于制造，至今仍被使用

具，它是一根一端是桶而另一端是配重的杆子，把杆子放在一个支点上，便可以轻松地上下翻转。在使用沙杜夫的情况下，一个人可以每天提水2000多升。由于沙杜夫的出色功效，时至今日它仍然被居住于尼罗河上游和下游的人们所使用。

大约公元前1000年，波斯人（波斯即现在的伊朗）发明了坎儿井，这是一种至今在世界部分地区仍被使用的供水系统。人们利用坎儿井开采地下水，并通过缓坡隧道将水引向下坡。这些坎儿井均由人工挖掘，每隔一段就设有下陷的竖井，以便通风和清除废料。由于水流是受重力驱动的，因此没有抽水的必要，而水也不会从地下隧道蒸发。

居住

人类对安全的渴望由来已久。有意建造庇护所的最早证据比人类的历史还要古老，可以追溯到海德堡人和尼安德特人，他们是比智人出现的时间还要早几十万年的原始人。

1966年，在法国尼斯附近的泰拉-阿玛塔，考古学家发现了大型椭圆形棚屋的地基，其中还留有炉具的痕迹。据推断，它们大约有40万年的历史。泰拉-阿玛塔并非当时人们的永久定居地，它更可能是游猎者年复一年返回的临时居所，因为这些游猎者通常在春天和夏天追踪动物群。从该遗址收集到的骨骼表明，这里曾是人们宰杀动物的地方。泰拉-阿玛塔的庇护所长约 15 米，由柱孔和石头支撑的树枝拱门搭建而成。

搭建泰拉-阿玛塔这样的临时庇护所，或者用猛犸象骨骼建造更坚固的坑屋，是当时人们的普遍做法。直到农耕时代，人们才开始长时间居住在同一个地方。在中东，考古团队发现了整座村庄的圆形民居遗迹，这些房屋的墙壁均由黏土制成。

▶伊朗坎儿井的地下隧道和洞室

砖和砂浆

最早的砖砌建筑被发现于底格里斯河流域，其建造时间可以追溯到约公元前 7500 年。在约旦河流域杰里科发现的建筑，其建造时间可以追溯到公元前 7000 年。这些建筑真正投入使用的时间很可能比这还要早。这些早期砖块的制作过程很简单——将泥揉捏成型，用手定型，然后放在太阳下晒干，使之变得坚硬。抹灰篱笆墙技术，是一种木质结构的防风雨措施，大约在公元前 6000 年被当时的人们所使用。人们用树枝或其他物质在直立的木桩之间编织成一堵墙，然后用抹灰（一种泥巴、黏土、动物粪便的混合物）填充，再将稻草、毛发或其他纤维混合在一起，更好地保持混合物的形态。在干燥的气候条件下，篱笆墙比较稳固，但它一旦受潮，就存在腐烂的风险。

后来，人们开始用木框辅助制作泥砖，等砖变硬以后再拆掉木框。稻草与泥土混合不仅增强了砖的硬度，还能使干燥的泥块长期维持其形态。并且，这样还能很好地利用收割谷物后剩下的废料。就这样，人们大量生产砖块，并用砖块建造更多更大的房子、仓库、农场和其他建筑物。在修建房屋时，他们先将砖块砌成墙壁，再涂上泥浆或者沥青，用木制过梁来支撑墙上的开口，而木梁被用来支撑平屋顶。

公元前 5500 年左右，埃及建筑者发明了制作砂浆的方法。他们在明火中焚烧石膏，将其碾碎后与水混合。用这种方式制成的砂浆可以将石块固定在一起，还能使建筑的墙面更加光滑。

公元前 3000 年左右，美索不达米亚的陶瓷技术开始被用于烧制砖块。因为生产成本高昂，最初烧制的砖块仅被用于修建容易磨损、开裂的路面或墙壁顶部。后来，它们还被用来修建下水道，以排出城市的污水。

▶泰拉-阿玛塔的庇护所很可能是与之相似的简单建筑

随着建筑数量的增加，人类居住地逐渐发展成为村庄、城镇，以及最终的城市。"城市"（City）来自拉丁文"Civitas"，"文明"（Civilization）也源于该词。在很多方面，城市都是文明的象征。现存最早的关于大规模建筑工程的证据位于古代的美索不达米亚地区，而乌鲁克和乌尔等大城市，则体现了建筑领域的关键技术成就。那些规模较小的住宅只留下了地基的痕迹，不过美索不达米亚的人们还建造了宏伟的建筑，如砖砌的宫殿、寺庙和金字形神塔，这些建筑所使用的材料经久耐用，因此至今仍然保存完好。位于如今伊朗恰高·占比尔的金字形神塔，是保存至今的最大金字形神塔之一，其直径约 105 米，高约 24 米，而这可能还只是其原始高度的一半。

不同于美索不达米亚，古埃及拥有大量的石灰岩、花岗岩和砂岩矿藏，这些资源帮助古埃及人把砖砌建筑变成石制建筑。由于石头的开采、成型和运输是一项困难且耗时的任务，这些被开采出来的石头只有在建造重要的建筑时才被使用。

很多时候，人们一想到古埃及，最先想到的就是金字塔。在没有使用任何现代工具和设备的情况下，古埃及人就修建出令人惊叹的金字塔。

在开始建造金字塔之前，必须做好场地准备工作。首先，清除地面上的沙子和碎石，使金字塔能够稳固地伫立在岩石上。接着，修整建造区域的地面，使其变为规整的平地。为此，工程师们围绕场地建造了一个土堰，并用水淹没场地。然后，他们在岩石中挖出数个通道，每条通道的深度都与水面平齐。当水被排走后，通道之间的空间被挖到与通道同一水平，从而形成一个平坦的表面。此外古埃及人用亚麻纤维测量绳来确保金字塔的底座是一个标准的正方形，他们将绳索打结并用这种方式来精确测量，每边的绳子分别被打上 3 个、4 个和 5 个结，构成一个直角三角形。比如，吉萨大金字塔（即胡夫金字塔），每边长约 230 米，最长边和最短边之间只相差 20 厘米。

▶藤条、灰泥和茅草结合在一起，人们便能够更好地抵御恶劣天气

　　建造金字塔所需的巨大石灰石和花岗岩是从尽可能靠近建筑工地的采石场切割而来的。工人们使用各种工具分割石块，如鹤嘴锄、凿子、花岗岩锤、铜钻和锯。有时，他们把岩石凿入楔子，然后把它们浸湿，使岩石膨胀并裂开。有些巨大石块甚至重达 50 吨，人们用船将它们运到尽可能远的地方。此外，从河流到建筑场地都修建了堤道，人们可以用雪橇将那些巨大的石块拖到建造金字塔的区域。

　　古埃及人没有起重机，不过，他们建造了斜坡，并通过这种方式把这些巨大的石块拖进去。这些坡道环绕着金字塔，随着金字塔高度的升高而升高。在金字塔建设完成之后，建筑者们还肩负着清理坡道的重要使命。

　　混凝土是罗马人的发明，它为罗马人的建筑工程提供了很大帮助。希腊人在建筑中使用以石灰为基础的砂浆，不过，将砂浆与骨料结合（如岩石碎片）制成混凝土的想法是罗马人在公元前 2 世纪左右提出的。混凝土是一种多功能的混合物，它可以在湿润时成型，并使岩石硬化。罗马人用磨得很细的火山熔岩（被称为火山灰）来制造砂浆，从而生产了史上最坚固的水泥。直到 19 世纪初硅酸盐水泥被发明之后，它的地位才被取代。

▶位于伊朗恰高·占比尔的金字形神塔

　　混凝土的一大优点是可以灌注到木框架里。建筑师们建造墙壁的过程可以分为几个阶段。他们先在地面上用木框架固定第一层混凝土，并在两边砌上砖块或石头，使之形成一个空洞，再将湿混凝土铲入其中。此外，他们还利用脚手架去建造较高的墙体，并且他们会在几层混凝土层之间放置几层石块，以这种方式增加其强度和稳定性。在宫殿、寺庙、澡堂和其他公共建筑中，混凝土拱顶和圆顶的应用更加大胆。

▶罗马人发明的混凝土使人们可以修建更加宏伟的建筑，如万神殿

第三章

迁移时代

迁移时代

运输工具发展时间线	
约 60 万年前	直立人建造出适于航海的木筏。
约 1 万年前	世界上最古老的独木舟被建成。
约公元前 5500 年	世界上最古老的帆船诞生。
约公元前 4000 年	第一条石路筑成。
约公元前 3000 年	美索不达米亚人发明了车轮。
约公元前 1400 年	古埃及的船只开始使用舵桨。
约公元前 1100 年	第一支专业道路建设兵团——ummani，在亚述帝国成立。
公元 70—80 年	罗马人建造了采用拱门设计的竞技场，这是一项重要的建筑技术创新。
1 世纪	中国汉代的船舶开始加装舵。

　　人类的许多技术创新都受到了大自然的启发——除了轮子。如今我们几乎无法想象没有轮子的世界究竟是什么样子的。

　　现有证据表明，5000 多年前的美索不达米亚人最早开始使用轮子，那时他们将轮子作为陶工的辅助工具。我们并未知晓究竟是谁想出了将轮子用于运输的绝妙主意，但要使这个设想变成现实并非易事。仅让轮子在地面上滚动不是什么难事，难点在于如何将轮子安装到另一个平台上，还要确保它在承载重物的同时能自由滚动。

轮子和车轴的发明是一个艰巨的任务，这种发明在人类历史上很可能只发生过一次，然后就传遍全世界。发明者需要使用金属工具来精确地塑造车轮和车轴的形状。此外，还要制作一个带有可旋转轮子的固定轴，轴的两端及它们所匹配的轮子的中心孔必须尽可能地光滑和圆整，否则会导致轮子因摩擦力过大而难以转动。

车轴的尺寸要恰到好处，太粗则摩擦力过大，太细又无法承重。正是由于这些客观条件的限制，早期的货车底座一般都很窄，并且通常使用不太粗的短车轴。

轮子和车轴的实际发源地究竟在哪？这一直都是一个存在争议的问题。虽然陶钧可能最早出现于美索不达米亚，但作为一种运输工具的车轮可能发明于其他地方。最早的轮式手推车于波兰和中欧等地区被发现，这一影响广泛的技术突破的潜在竞争者是乌克兰的特里波利耶人，他们制造的轮式玩具车可以追溯到公元前3800年左右，不过这些玩具车似乎不太可能有全尺寸的对应物。

▶轮子最初很可能是陶工的辅助工具

赫尔辛基大学的研究人员指出，以语言学作为依据，我们有理由认为轮子起源于特里波利耶，因为与轮子和货车相关的词语大多源于特里波利耶文化。"车轮"（Wheel）一词来自古英语"Hweol"，古英语"Hwehwlan""Hegwlan"来自原日耳曼语"Hwehwlan""Wegwlan"，原日耳曼语"Hwehwlan""Wegwlan"则源自原印欧语"Kwekwlo"，即特里波利耶语。

在路上

早期的人类没有修建道路的需求，因为那时他们没有永久性的定居点，所以也就没有固定的交通路线。但是，随着农业革命的到来，人们开始有了修建道路的需求，因为道路能使行人和货物轻松到达远处的城镇和村庄。有关石路的最早证据可以追溯到公元前 4000 年左右，一些逐渐发展壮大的美索不达米亚城市中出现了用石头修建的道路。大约在同一时间，居住于如今英国所在地区的人们用原木筑路，以穿越沼泽地。大约公元前 3000 年，印度人开始用砖头筑路。

▶ 来自大约 5000 年前的特里波利耶的轮式玩具，这可能暗示了轮子最初被用于运输的时间

轮子的发明使人们开始对道路铺设有了更高需求。如果没有适于行驶的路面，带轮子的交通工具就无法发挥出它的效用。大约在公元前 2000 年，轮式手推车和货运马车的使用变得更加普遍。与此同时，金属工具的出现使得凿石筑路变得更加容易。

距今最古老的人工修筑的道路可以追溯到公元前 2600 年左右。1994 年，研究人员在调查古埃及的一个采石场时，发现了一条宽 2 米、长 12 千米的道路，其表层铺着砂岩和石灰岩板，还使用了硅化木。公元前 1600 年左右，轮子传入古埃及，但是在此之后用于运输的轮式交通工具仍然很少见。古埃及的道路可以更容易地将装载玄武岩石料的雪橇从采石场拖到等待的驳船上，然后驳船沿尼罗河将玄武岩石料运到建筑工地。由于铺设路面所用的石板表面没有被滑道磨损的沟槽，人们推测雪橇是用滚轮拉动的。

▶米诺斯人修建平坦的道路来连接各个城镇——马车和牲畜只能在路的两侧通行

在那条古埃及道路被发现之前，已知最古老的石板路是由克里特岛的米诺斯人建造的。大约公元前 1700 年，米诺斯文明达到鼎盛，人们在大城镇建造了宫殿和别墅，还修建了一条长 50 千米的道路以供人们在各个城镇之间通行。这条道路从东海岸延伸到西海岸，横穿整个岛屿。它由一层层砌在石膏上的石块建成，中间是玄武岩石板，道路中间专供行人使用，而马车和牲畜只能在两侧通行。

最早有记载的专业筑路者是亚述的 ummani，这是隶属亚述国王的先锋工程兵团，他们在公元前 1100 年左右就开始使用青铜镐筑路了。第一条长途公路连接了亚述帝国的都城尼尼微（今伊拉克摩苏尔）与地中海港口，总长约 2000 千米。它算不上是一条宽阔大道，更像是一条为步行者而非轮式交通工具所设计的小路，不过它在贸易往来中仍然起到了重要作用。

▶将砝码排列在格罗马仪上，罗马的测量员就可以绘制出直线

公元前 600 年左右，当波斯人征服亚述人的时候，道路已经贯通全国。波斯御道起于苏萨，穿过安纳托利亚（今土耳其），直达爱琴海，总长超过 2400 千米。它由未经铺设的夯土制成，路面质量相对较差，但是也能让大型马车通过。

毫无疑问，罗马人是古代伟大的筑路者。在罗马帝国鼎盛时期，罗马人修建了 85000 千米的公路。罗马的测量员使用的工具叫作格罗马仪（Groma），这个工具能够确保道路是一条标准的直线。格罗马仪由两根钉在一起、呈十字形直角交叉的木头组成。铅砝码分别悬挂在两端，以形成一条直线。在修筑道路时，人们首先挖两条相距 12 米的平行沟渠来排水，接下来用从排水沟和附近挖出的材料来铺设路基。然后，用沙子或灰浆铺盖路堤，并在此基础上继续修筑。第一层是基底层，厚 25 厘米至 60 厘米，由至少 5 厘米的石头构成。第二层是沙砾层，由 20 厘米厚的掺了小石头的混凝土构成。第三层由掺了小碎石和粗砂的混凝土构成，厚约 30 厘米。对于一些特别重要的道路，最后还要砌一层大石板作为路面。道路中间略高而两侧略向下倾斜，以便雨水排出路面。这种筑路方法在接下来的 2000 多年里依旧被广泛使用。

修建桥梁

有时，在铺设道路的过程中会出现一些问题，比如遇到河流或峡谷，要想越过它们就需要修建桥梁。最早的桥很可能是由于某些自然原因形成的，例如，人们会利用一棵偶然倒下的树来过河。对于较宽的河流，人们会将木筏捆绑在一起，在河上形成一座浮桥，或者用草、藤蔓制成绳索，将其悬挂在峡谷上，构成单排绳索桥。

建造更复杂的桥梁则需要采用一项罗马人的伟大发明——拱门技术。早在公元前 1800 年，古埃及人和希腊人就曾有过关于拱门的设想，但他们当时认为拱门设计不太合适。后来，罗马人完善了这个设计。罗马人不仅在桥梁上加入拱门设计，还在高架渠和大型建筑工程（如竞技场）中使用拱门设计。

相比过梁（一种简单的横在洞口上的横梁），拱门的优势在于它能将荷载从上方引到侧面。如果承受的物体过重，则扁平的过梁将会开裂，而弧形拱则会将重量引到它的支撑物上，因此拱门的承重能力变得更强。一个巨大的希腊过梁最多可以跨越 6 米左右的宽度，而一个罗马建造的砖拱可以跨越 45 米左右。拱顶（数个相连的拱门，或一个特别深的拱门）和圆顶（共享一个共同中心轴线的一系列拱门）就是从拱门发展而来的。

拱门的主要组成部分是被称为"拱石"的楔形块。每一个楔形块都必须被精确地切割，使它能够与相邻的表面紧密贴合。正中央的拱石被称为拱顶石。在建造拱顶时，需用一个木框架作为支撑，当中央拱顶被建造好以后，这个木框架就会被拆除。

建在峡谷上的罗马桥令人印象深刻。这座桥位于西班牙阿尔坎塔拉的塔古斯河，是在公元 105 年为图拉真皇帝修建的，它有两个巨大的中央拱门，由未胶结的花岗岩修建而成。这座桥宽 33 米，足足高出河面 64 米，

▶ 罗马圣天使大桥的桥墩采用围堰技术建造而成

▶罗马起重机的复制品

▶这座桥位于阿尔坎塔拉，它象征着罗马桥梁建造技术的辉煌

每个楔形块重 8 吨。在建造过程中，楔形块通过滑轮系统（现代起重机的前身）被吊到合适的位置，踏车上的奴隶踩动踏板来提供滑轮的动力，还需以其下岩石上的巨大木材作为支撑，直至拱门建成。一台由踏车驱动的大型起重机可以举起 6000 千克的物体，但罗马工程师可以利用工具举起比这更重的物体。在黎巴嫩巴贝克，重达 100 多吨的石块被抬高到离地面 19 米的地方，用以建造朱庇特神庙的角楼。要想做到这一点，

工程师需要先搭建一个带有许多绞盘（即可以缠绕绳索的旋转圆柱体）的起重塔。虽然绞盘的效率不如踏车，但是放置绞盘的位置更多，方便人们进行操作。当绞盘开始转动时，滑轮系统就能够将巨大的石块抬起来。

罗马人发明了一种巧妙的方法，能够在没有合适的岛屿或露出水面的岩石来支撑桥墩的地方架起一座横跨河流的桥梁，这就是围堰。首先，工程师在计划建桥墩的位置将形成同心圆的两圈木桩打入河床。然后，用柳条编成桩圈，并用黏土填满桩圈之间的空隙。接着，他们将柳条圈内的水抽出或戽出，露出河床，再挖出河床的淤泥，使基岩外露。最后，他们倒入火山灰水泥并建造桥墩。火山灰水泥是理想的建筑材料，因为它的防水性非常好，罗马横跨台伯河的圣天使桥就采用了这种建造技术。1800 多年后，这座桥仍然屹立不倒，这证实了罗马桥梁建造者的高超技艺。

在水面上

作为一种运输工具，船的发明时间比轮子早了不少。在 150 万年的历史中，直立人制造了石器工具，并驯服了火。此外，他们还学会了制造船只。虽然没有这些船只的实物证据，但在印度尼西亚的弗洛雷斯岛上，人们发现了直立人制造的石器。他们需要跨越 16 千米才能抵达这座岛。直立人在智人出现大约 60 万年之前，就已经可以建造适于航海的船只了。根据当时可用的工具和材料，人们猜测那些所谓的船只应该是竹筏。这样的竹筏，可能与直立人使用的竹筏并无本质区别。时至今日，我们仍然能够在东南亚的水道上看到这种竹筏。

▶这块大约3000年前的岩石雕刻来自阿塞拜疆
戈布斯坦，其上刻绘了一艘芦苇船

世界上已知最古老的船是一艘独木舟。1955年，这艘独木舟在荷兰佩塞附近的高速公路施工地被发现。这艘独木舟长3米，宽44厘米，是大约1万年前的史前人类用斧头在一根苏格兰松木上挖凿而成的。有人觉得它并不是一艘真正的水船，但用复制品进行的实验证明了它的确能够在水面上平稳航行。更复杂的造船工艺，很可能早就出现了。考古学家在阿塞拜疆发现了一处约3000年前的岩石雕刻遗迹，上面刻绘着一艘承载了20名桨手的芦苇船。

在波斯湾沿岸附近的美索不达米亚城市埃里杜的一座坟墓中，考古学家发现了一个泥制的船模，它的制作时间可以追溯到公元前4000年。这个模型是一个宽大的浅底船，类似于驳船。由于木材短缺，大多数美索不达米亚人的船都是用底格里斯河和幼发拉底河岸边盛产的空心芦苇捆绑而成的。他们将芦苇紧紧捆在一起，还会在表面铺上厚厚的一层用来防水的沥青。这种船只是由桅杆或桨推着行驶的。埃里杜模型上有桅杆插孔，但由于盛行风与河流的流向相

▶这个有6000年历史的模型可能是最古老的有桅船之一

同，帆船并没有在美索不达米亚得到广泛使用。

目前，帆的具体发明时间尚不明确。关于帆船的最早记录可追溯到公元前5500年左右，那是一个简单的方帆芦苇船，船帆是用纸莎草做的。

芦苇船并不坚固，无法胜任运输大件货物之类的繁重任务。公元前2000年，重达300吨的方尖碑载于经过加固的船只之上，从阿斯旺顺流而下。为了制造这些船只，古埃及人从黎巴嫩进口金合欢木、雪松木作为原材料。

受过专门训练的木匠在船厂里建造了大量船只，他们建造一艘长30米的运货驳船仅需要两个多星期。他们建造这些船只不用钉子或楔子，而是用纸莎草绳将木板捆绑在一起。木船是平底的，有着方形的船舷，外形与芦苇船相似。船的桅杆通常是两条腿的，并被固定在船舷（船舷的上缘）上。古埃及船的帆总是方形的。

舵桨的发明是一项极为关键的技术进步。转向桨就像一个杠杆，通常是一个超大的桨或板，它的作用是使舵手能够更准确地驾驶船只。转向桨被安装在船的右舷，或"舵"的中部，或在船尾。公元前1400年左右的古埃及古墓绘画，描绘了一艘在船尾两侧都安装了舵桨的船，这种通过改变水流方向来控制船体的技术，可能最早体现了船舵原理。

舵的最佳放置点应该沿着船的中线去寻找，最早使用这种方法的是中国人。1世纪，中国汉代的船舶开始加装舵。中国船舵是通过木制的颚或插孔连接到船体上的。一些较大的舵桨则通过绳索和滑轮系统悬挂起来，方便升起或落入水中。直到12世纪，西方船只还在继续使用舵桨。

▶这幅古埃及古墓画描绘了船尾处巨大的舵桨

第四章

计时开始

计时开始

钟表技术发展时间线	
公元前 1500 年	人们发明了水钟。
1283 年	最古老的由重力驱动的机械时钟在丹斯塔布修道院被安装。
约 1450 年	螺旋弹簧和均力圆锥轮的发明使便携式钟表成为可能。
约 1508 年	彼得·亨莱因（Peter Henlein）发明了怀表。
1656 年	克里斯蒂安·惠更斯（Christiaan Huygens）发明第一座摆钟。
1735 年	约翰·哈里森（John Harrison）制造出第一只航海天文钟，即 H1。
1927 年	沃伦·马里森（Warren Marrison）和约瑟夫·霍顿（Joseph Horton）制造第一台石英钟。
1949 年	第一座基于氨分子共振的原子钟问世。
1955 年	英国国家物理实验室确定了第一个铯原子频率标准。
1967 年	铯原子的固有频率被认定为新的国际时间计量单位。

几千年来，人们一直利用自然现象来计算时间。在非洲南部斯威士兰王国莱邦博山脉的一个洞穴中，人们发现了一块距今约 4 万年的狒狒腿骨碎片，它被命名为莱邦博骨。骨头表面刻有 29 个明显的凹槽。这块骨头的具体用途尚不清楚，但它与今天纳米比亚狩猎者仍在使用的日历棒（Calendar Sticks）有相似之处，有人认为，它是用来记录农历月天数或女

性月经周期的工具。

早在 5000 多年前，在古老的美索不达米亚和埃及，人们就已经开始利用各种方式记录时间了。由于选择了定居式的农耕方式生活，人们需要遵循种植和收获的周期规律，而日益复杂的社会结构也需要设定历法来组织和协调各种群体活动。当时的历法以三个自然周期为基础：太阳日，以地球自转时太阳连续升起和落下为标志；农历月，以月球绕地球轨道运行的周期为标志；四季变化，以地球围绕太阳一周的时长为标志。

日晷依据太阳下阴影的长度、方向来表示时间。阴影由一根直立杆或柱子投射到地面，人们以影子的位置来测定时刻。日晷也许是已知最古老的时间测量工具之一。在埃及帝王谷的一座陵墓附近发现的日晷可以追溯到公元前 13 世纪。它由一块被称为"Ostracon"的扁平石灰岩片制成，其上刻有一个被分为 12 个部分的黑色半圆。黑色半圆的中间刻有小圆点，每条线之间相距约 15 度，用来表示更精确的时间。Ostracon 中间的凹痕则是日晷的指时针的位置。

▶这个有着 3500 年历史的日晷在埃及帝王谷被发现，是迄今为止人类发现的最古老的日晷之一

到了夜间，人们用水钟或漏壶替代日晷，以确定时间。水钟大约发明于公元前 1500 年，主要用于测量夜间的时间。早期的水钟将水从一个容器慢慢滴入另一个容器。容器内刻有线条，水位的下降代表着时间的流逝。尽管压力的变化和寒流的来袭都会影响水的流动，但是用水钟计时仍然比用蜡烛或油灯计时更准确。在公元 200 年到 1300 年，中国的漏壶逐步发展。它的原理相当复杂，使用水力驱动的木桶系统为那些用于阐释天文现象的机械提供动力，如旋转的天球仪。

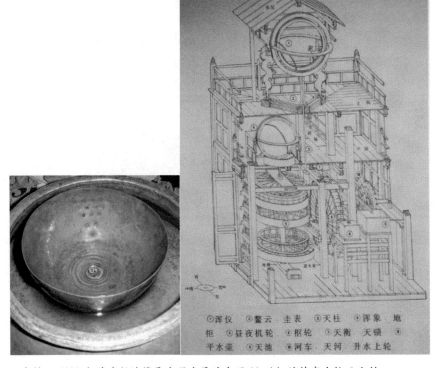

①浑仪 ②鳌云 圭表 ③天柱 ④浑象 地柜 ⑤昼夜机轮 ⑥枢轮 ⑦天衡 天锁 ⑧平水壶 ⑨天池 ⑩河车 天河 升水上轮

▶水钟从 4500 年前波斯的简易容器发展为中国 11 世纪的精密齿轮天文钟

大约公元前 600 年，古埃及人发明了麦开特（Merkhet），这是已知最古老的天文仪器之一，它以一根系着金属块的绳子作为垂线。人们用一对麦开特就可以确定方向：先将它们前后排成一线并对准北极星，再将这条线作为参考点去追踪天空中星星的运行轨迹，从而确定夜晚的具体时间。

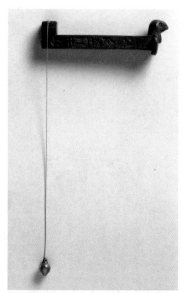

▶在古埃及，麦开特被成对排列，用于确定方向

计时

随着人类文明的进一步发展，人们对于更精确的计时法的需求也日渐增加。1283 年，最古老的由重力驱动的机械计时器被安装在英格兰的丹斯塔布修道院。到了 1300 年，分布在欧洲各地大大小小的教堂都安装了同类装置。因为机械计时器通过敲钟来表示时间，所以被人们称为"Clocca"，这个词来自拉丁语，意思是"钟"。

机械钟的动力来自下降的重物，重物在起落之间能带动一组齿轮转动。还有一个革命性的发明：擒纵装置。通过控制齿轮的旋转，擒纵装置将能量传递给振荡器，而振荡器可以调节时钟运行的速度。时光飞逝，那个有远见的擒纵装置的发明者已被遗忘。经典的擒纵装置是机轴式擒纵装置，它由一个重力驱动的冠状齿轮构成，在运动中被安装在垂直轴上的一对金属擒纵叉反复触碰（该结构称为机轴），交替阻止轮齿的连续运动。金属擒纵叉的前后运动由顶部横杆（称为平衡摆）控制，横杆上有两个小重锤，将重锤沿轴心向外移动，由此减慢摆动的速度。

▶索尔兹伯里大教堂的机械钟可能是现存最古老的机械钟之一，于 1386 年左右由熟铁制成

在接下来的几个世纪里，大多数人用机械钟来计时。到了 15 世纪，越来越多的时钟被制造出来，供家庭使用。15 世纪 50 年代末，意大利人用盘绕弹簧来代替重物，这让钟变得易于携带。然而，弹簧在上紧发条后，其张力会更大，均力圆锥轮〔即 "Fusee"，源于拉丁语"纺锤"（Fusus）一词〕的发明解决了这个问题。均力圆锥轮大约出现于 15 世纪初，与擒纵装置一样，它的发明者同样未知。均力圆锥轮通过一根绳子连接到装纳弹簧的筒体上：当钟表上弦时，绳子从筒体拉到均力圆锥轮上，弹簧上增加的拉力由均力圆锥轮直径的减小来补偿，这样均力圆锥轮就能平衡弹簧作用于钟表齿轮的力。

大约 1508 年，纽伦堡的钟表匠亨莱因发明了怀表。怀表的直径只有几厘米，可以运行长达 40 个小时，运行期间每小时报时一次。它由小钢轮和手工锻造的弹簧驱动——尽管这是巨大的技术进步，但这种钟表仍然无法精确计时，因为松开发条时的速度变化会导致时钟变慢。尽管如此，亨莱因钟表因为价格昂贵而成为一种身份的象征。

▶均力圆锥轮时钟原理

▶16世纪早期，由亨莱因发明的怀表

钟摆摆动

伽利略·伽利雷（Galileo Galilei）是最早开展钟摆计时实验的人之一。他发现，钟摆摆动的周期与摆动的弧度无关。第一座摆钟是荷兰天文学家和数学家惠更斯在1656年发明的。

惠更斯观察到，钟摆摆动幅度的任何变化都会导致时钟的计时或增加或减少。他设计了一种悬挂装置，使钟锤以摆线的弧度摆动，而不再做圆弧状运动。这意味着，不管钟摆的振幅如何变

▶发明家、天文学家、物理学家和数学家惠更斯被认为是有史以来最伟大的科学家之一

▶汤姆宾是 17 世纪末期的著名钟表匠，同时也是直进式擒纵装置的发明者，这个长箱式钟是他的杰作之一

化，它都会在同一时间振荡。摆钟的精度比旧式机械钟高出 100 倍，但它也有缺陷，任何突然的震动都会中止钟摆的运动。这意味着摆钟不能在移动中使用，也不适合放在船上。1675 年，惠更斯又做了进一步的改进，他发明了螺旋式摆轮游丝，以调节摆轮的运动。摆轮先向一个方向旋转，然后转向另一个方向，循环往复。摆轮中包含一根安装在金属轮上的细游丝，游丝的一端固定在轮子上，另一端固定在钟表的主体上。摆轮的发明使人们有可能制造出在船上也能保持精度的钟表，这些改进还使惠更斯钟表的日精确度达到 10 秒左右。

大约在同一时期，锚式擒纵系统在英国问世，发明者或许是英国的罗伯特·胡克（Robert Hooke）。不同于惠更斯摆钟所使用的机轴式擒纵装置，锚式擒纵装置使钟摆的摆动弧度更小。锚式擒纵装置因擒纵叉的形状像倒置的锚而得名，它的擒纵叉与擒纵轮位于同一平面。钟摆的摆动弧度非常小，以至于没有必要去维持一个环形路径。1695 年，英国钟表匠托马斯·汤姆宾（Thomas Tompion）改进了锚式擒纵系统，大幅减少运行时的后坐力。在接下来的 150 年里，这种被称为"直进式擒纵装置"的改良设计，在精密计时领域得到广泛应用。

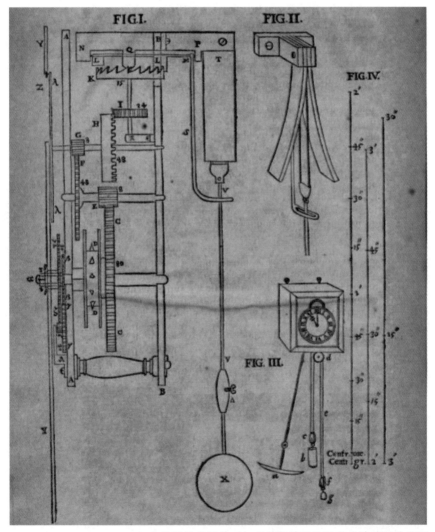

▶惠更斯钟表的精巧机制将简单的钟摆变为精确的计时器

哈里森的天文钟

要想确定你在地球表面的位置，必须明确两件事：纬度，即你在赤道以北或以南的位置；经度，即你在起点以东或以西的位置。利用太阳和星星的位置来测算纬度不是什么难事，但测量经度却极具挑战性，一些国家决定迎难而上。这是因为，如果没有可靠的方法测量经度，航海者将永远无法确定他们的船在海洋上的位置。为了解决这一问题，各国政府提供丰厚的奖励，鼓励人们去寻找解决方案。

1675 年，查尔斯二世建立格林尼治皇家天文台，编制准确的恒星位置目录，将月球相对于恒星的运动用于天体时钟，这就是所谓的"月距法"。水手们利用月球的预测位置表来计算格林尼治标准时间（或其他选定的参考点）。

▶位于格林尼治的皇家天文台建成于 1675 年，其目的是编纂一份用于导航的、精确的恒星位置目录

天文学家埃德蒙·哈雷（Edmund Halley）认为，地球表面磁场的变化是解决航海者测算经度问题的关键，他开展大量的研究来绘制磁场变化图。哈雷深信，绘制地磁东西向的变化图可以作为绘制经度变化图的重要参考。

1698 年，为了绘制大西洋磁场图，哈雷指挥一艘小船开始航海旅行。事实证明，由于磁场变化受到时间变化的影响，这种测算经度的方法并不能得出令人满意的结果。

1714 年，英国政府提供 2 万英镑奖金，寻找能在半度（相当于两分钟）精度内找准经度的解决方案。约克郡的哈里森被奖金吸引了。他是一个木匠家庭的长子，他和兄弟一起发明了一系列非常精确的时钟，包括 1715 年发明的使用木制轮子的八天钟。1726 年，哈里森设计了一个铁网格钟摆，解决由于温度变化导致的计时不准的问题，并研制了回退式擒纵装置，使钟的各个部件不再需要上油。

1735 年，哈里森制造出他的第一只航海天文钟，即 H1。弹簧驱动的时钟由两个连接的摆轮调节，摆轮在相反的方向上来回振动，通过这种方式来抵消船舶运动对钟表的干扰，而摆轮游丝的长度变化能够抵消温度的变化。

1759 年，在哈里森的第三款航海天文钟（H3）问世后，他又有了一项新的发明——双金属条——用于抵消温度引起的摆轮游丝的变化。两个不同的金属片，沿其长边连接在一起，每个金属片在受热时都以不同的速度膨胀。不同的膨胀速率使双金属条在加热时向一个方向弯曲，在冷却时则向相反方向弯曲。热膨胀系数较高的金属在加热时位于曲线外侧，在冷却时位于曲线内侧。最初，哈里森尝试将两根独立的金属条用铆钉连接在一起，但在他最后发明那款航海天文钟 H5 时，他将熔化的黄铜直接熔合在钢质基底上。

▶哈里森的 H4 航海天文钟，一个兼具优雅设计和精密工艺的作品

哈里森将他所有的技巧都集中于那个直径约 13 厘米的袖珍仪器中，也就是他设计的航海天文钟 H4。1761 年，H4 被搭载在英国皇家海军"德普特福特号"上，开始了一段牙买加之旅。在航行过程中，H4 已经可以精确到约 5 秒以内。1764 年，第二次海试证实哈里森航海天文钟的成功。然而，直到 1773 年，哈里森才拿到了应得的奖金。

从机械钟到原子钟

现代社会的许多活动都要以时间为依据，可靠的计时手段能够帮助我们协调各项活动。1927 年，第一台石英钟在美国问世，由马里森和霍顿合作制成。在这个装置中，电流使石英晶体以远高于钟摆摆动的频率共振。石英钟依靠机械振动，其频率取决于特定晶体的大小、形状和温度。因为完全相同的两个晶体之间的频率不完全相同，所以石英钟必须依据一个固定标准来校准，而这个标准就是地球的自转周期。1884 年，1 秒被正式定义为平均太阳日的 1/86400。

每一种化学元素和化合物都会以其特有的频率吸收和发射电磁辐射，这些辐射构成一个潜在的原子"摆"，它是制作精确时钟的基础。1949 年，第一座基于氨分子共振的原子钟问世，但它的性能并不理想。相比之下，铯的用处更大。1955 年，英国国家物理实验室确定了第一个铯原子频率标准。路易斯·埃森（Louis Essen）和杰克·帕里（Jack Parry）研制出一台装置，但它无法连续运转，因此并不能算是真正的时钟，仅被用于校准石英钟的频率。不过，它令人信服地证明了亚原子层面的变化提供了比任何基于行星和恒星运动的东西更为精准的时间度量。因此，这项技术进步确实是计时学向前发展的重要基础。正如埃森后来写道："我们邀请国家物理实验室的主任来见证天文秒的死亡和原子时间的诞生。"

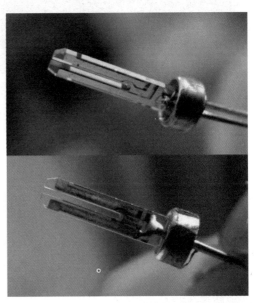

1967 年，铯原子的固有频率被正式认定为新的国际时间计量单位，秒被定义为铯原子谐振频率的 9192,631,770 次振荡或周期。当今世界上最精确的时钟，可以达到相当于在超过地球年龄时间段内增加或者减少 1 秒的精度，这对全球定位导航系统、电信和测量等至关重要。

▶ 石英表中用作计时器的振动石英晶体

▶埃森（左）和帕里在英国国家物理实验室制成第一台原子钟

第五章

传播文字

传播文字

印刷术发展时间线	
约公元 868 年	中国印刷《金刚经》。
1041 年	毕昇发明活字印刷术。
1377 年	白云和尚印制佛经《直指心体要节》①，其采用金属活字印制而成。
约 1450 年	约翰内斯·古腾堡（Johannes Gutenberg）发明了可移动的金属活字印刷机。
1455 年	《古腾堡圣经》印刷完成。
1475 年	威廉·卡克斯顿（William Caxton）出版第一本印刷而成的英文书。
约 1620 年	威廉·布劳（Willem Blaeu）发明荷兰印刷机。
1810 年	弗里德里希·柯尼希（Friedrich Koenig）设计了蒸汽动力印刷机。
1846 年	理查德·马奇·霍（Richard March Hoe）发明轮转印刷机。
1885 年	奥特马尔·默根塞勒（Ottmar Mergenthaler）发明连诺铸排机②，改变了排版方式。
1887 年	托尔伯特·兰斯顿（Tolbert Lanston）发明了蒙纳铸排机。
1946 年	勒内·伊格纳（René Higonnet）和路易斯·莫鲁德（Louis Moyroud）发明第一台照排机，即鲁米型照排机。
1985 年	苹果公司推出 Apple 激光打印机，使桌面出版成为可能。

---

①《直指心体要节》是一部高丽佛经，全名是《白云和尚抄录佛祖直指心体要节》，1377 年在今韩国清州用金属活字印刷技术印制。

② 连诺铸排机是一种用于印刷的"整行铸造"排字机，得名于其能够一次性完整铸造一整行铅字的特性。

　　印刷术的发明推动人类文明的进一步发展，在印刷术出现之前，普通人很难通过图书获取知识。当时图书的传播主要依靠手工抄写，只有少数有钱有势的人才买得起书。

　　2世纪末，中国人掌握了印刷文字所需要的技术，他们知道如何制造纸张和研制油墨，以及怎样雕刻浮雕文字。目前最古老的印刷书籍之一是在中国敦煌发现的《金刚经》副本，这是一部佛教经书，大约印制于公元868年。这本《金刚经》副本是用雕版印刷法制作的。人们先将写好文字的纸张粘贴在木块上，然后用名为"拳刀"的刀子把木块上没有字体的部分削去，这样剩余的文字部分便呈凸起状。制作完成后，将墨汁涂在木块的文字凸起处，就可将其用于印制。还有一些同一时期的文本也被保存了下来，包括公元877年左右的印刷日历、数表、礼仪指导手册、字典和历书等。

▶世界上最古老的印刷书籍之一《金刚经》

活字印刷术

1086 年，中国科学家沈括在引人入胜的《梦溪笔谈》中，介绍了毕昇的活字印刷术。1041 年，毕昇制作了一套胶泥版，他在每个胶泥版的表面刻上一个汉字，然后进行烧制。在排版时，他将胶泥活字并排放在涂有树脂、蜡和纸灰混合物的铁板上，轻微加热铁板，然后将其放置冷却，通过这种方式可以将活字固定在铁板上。在印刷完成后，重新加热铁板，就能将胶泥活字从铁板上融化开。毕昇的印刷版型组建便捷，但由于汉语文字体系较为复杂，有多种不同的文字，而且泥版不太耐用，这些因素阻碍了活字印刷术的进一步发展。

▶17 世纪中期的一套中国雕刻木版

　　14 世纪，王祯为了出版一部技术史，制作了一套超过 6 万字的木活字。万幸，如今出版一本书不再需要如此复杂的劳动了。他还设计了一个旋转台，这使得排字工人可以更容易地使用木活字。遗憾的是，木块在使用过程中会逐渐变质，而生产新的木块十分耗时。14 世纪末，韩国研制出更耐用的金属活字。1377 年，一本佛教语录汇编采用金属活字术印制成书。相传，这是由一位名为白云的韩国高丽时期的僧人印刷的。1403 年，朝鲜太宗皇帝下令铸造 10 万个青铜活字。

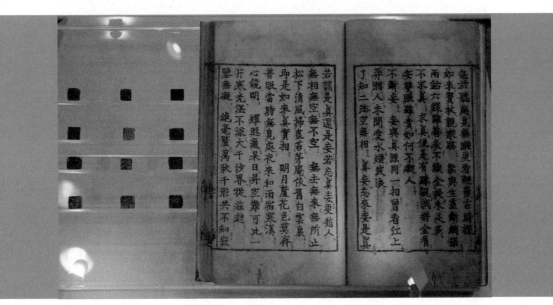

▶1377 年韩国佛教文献《直指心体要节》，左侧是用来印刷它的金属块

古腾堡

　　大约在 1450 年，古腾堡发明了金属活字印刷机。他大胆地印刷了完整版《圣经》，也就是 1455 年出版的《古腾堡圣经》，一共印制了 180 本。这是古腾堡第一次涉足出版业，在此之前，他做过多次尝试，但都没有成功。他将由金属合金模具铸造的字母排列起来，以形成文字块，然后将这些文字块锁在一起，形成完整的一页文字。古腾堡还发明了一种油墨，以及一种从酒榨机改造而来的印刷机。印刷机在印刷过程中起到重要作用，相比当时缓慢施压的酒榨机和油榨机，印刷机能够更高速地施加稳定且向下的压力。

▶《古腾堡圣经》现馆藏于纽约公共图书馆，全世界仅存 49 本

　　古腾堡曾是一名金匠，因此他在制造单个金属字件时得心应手。他要为每个字母制作母版，还要制作用于铸造不同字母的字模，并利用合适的合金去浇铸它们。对早期活字的分析表明，这些活字所使用的合金是铅、

锡和锑的混合物。通过这种方式可以一次印刷几百页，而且这些字母块很容易被拆开，在印刷完成后还可以重复使用。在准备印刷时，排字工人先把字母块从铅字盒里一个一个取出来，再把它们并排排列在一个手持式排字盘上，然后在单词之间使用小铅块来控制每行的字母长度，使其长度保持一致（称为"排字"）。在印刷完成以后，他们需要小心地把字母块一个个地放回铅字盒的不同隔间。这种印刷机一直沿用到 20 世纪下半叶。

印刷机很快在欧洲流传开来。1475 年，卡克斯顿在布鲁日购置了印刷机，并用它出版了世界上第一本英文印刷书《特洛伊史回顾》（*The Rucuyell of the Historyes of Troye*），这是一本关于特洛伊战争的法国浪漫主义小说译本。截至 1500 年，全欧洲投入使用的印刷机超过 1000 台。得益于印刷机的使用，知识的传播变得更加便捷，普通民众也能通过书本获取知识。1501 年，教皇亚历山大六世下令，任何未经教会批准私自印刷手稿的人都将被逐出教会。

▶装有金属活字的盒子，来自纽伦堡的阿尔布雷特·丢勒故居

▶古腾堡的原始印刷机模型

　　古腾堡印刷机的改进相当缓慢。在接下来的三个世纪里，印刷机的基本设计没有太大改变。大约在 1550 年，更坚硬的铁质螺丝取代了印刷机中的木质螺丝。大约在 1620 年，布劳发明了荷兰印刷机，这种印刷机增加了一个配重，印刷台板（印刷机可移动的上表面）可以自动升起。1639 年，荷兰印刷机的复制品被引入北美洲。

　　1810 年，德国印刷商柯尼希设计出蒸汽动力印刷机，这种印刷机很像一个连接在蒸汽机上的手动印刷机。他发明的新型印刷机很快便获得专利，并于 1811 年 4 月进行第一次生产。在德国工程师安德里亚斯·鲍尔（Andreas Bauer）的协助下，柯尼希机器每小时印数可达 1100 份。1814 年，柯尼希和鲍尔将他们的第一批机器卖给了《泰晤士报》。接着，他们改进了机器，使其能够同时进行双面印刷。这些技术改进推动了报纸的大规模印刷。

轮转印刷机

1846 年，霍发明轮转印刷机，可以说这项发明为大众传媒的发展打开了一扇大门。顾名思义，轮转印刷机使用旋转滚筒，被印刷的文字和图像围绕着圆筒。霍氏印刷机具有多方面的革命性意义，最关键的一点是它能够极大地提高印刷的速度。不同于每新印刷一张就需要重新设定纸张的平板印刷机，轮转印刷机可以连续传递纸张。只要源源不断地给机器送纸，轮转印刷机就可每小时印出 8000 页。

▶柯尼希发明的蒸汽印刷机

轮转印刷机的发明恰逢美国报业真正腾飞之时。1847 年，《费城公共纪事报》最先使用这种印刷机。此后，霍继续改进印刷机。1871 年，他推出了双面卷筒印刷机，这台机器能够在连续的纸卷上同时在纸的正反两面印刷。《纽约论坛报》首先使用了这种印刷机。在 20 世纪末数字印刷技术出现之前，霍发明的印刷机一直在报纸印刷中起核心作用。

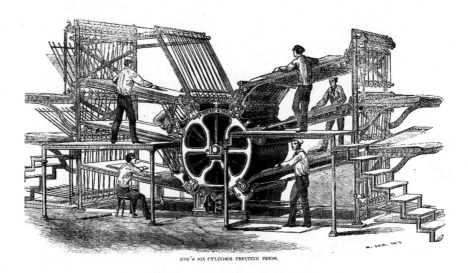

HOE'S SIX CYLINDER PRINTING PRESS.

▶霍发明的轮转印刷机令人印象深刻

排版

不久后，《纽约论坛报》很快采用了另一项印刷新技术。1885 年，德国发明家默根塞勒发明连诺铸排机，其可以完整铸造一整行字，这台机器也正是因此而得名。自此，排版方式发生改变。连诺铸排机的工作方式与打字机大致相同。操作者通过一个有 90 个字符的键盘来输入文字，每按一次键，就会产生一个铜模或字模，对应的字符会在汇编器中与其他字符对齐，从而创建短行文本。在字与字之间添加（铸排机的）齐行楔作为空格，通过齐行楔的分隔调整使行与行之间排列整齐。然后，在整行字模中填充熔融的铅，快速浇铸和冷却，将整行一次铸成的铅字条安装到印版上，用于印刷。在印刷完成后，再将铅字条熔化，以便重复使用，而铜模或字模会自动归类，回到原来的位置。

有了连诺铸排机，排字工人不再需要一次一个字符地手工排一行字，因此大大加快了印刷速度。1886 年，连诺铸排机首次被用于《纽约论坛报》的印刷，并迅速受到整个行业的青睐。连诺铸排机有一个缺点，它在运行中会产生很大噪声，那时雇用聋哑人来操作机器是十分常见的事情，因为他们不会被高分贝噪声所影响。

大约在默根塞勒研发连诺铸排机的同时，兰斯顿发明了蒙纳铸排机。蒙纳铸排机于 1887 年投入使用，人们用键盘在纸带上打孔，以机械方式从存储在纸带上的指令里选择相应的字符和空格。蒙纳铸排机的速度比连诺铸排机慢，但蒙纳铸排机修改文字更加便捷，还能够进行更复杂的排版。兰斯顿最初将字母冲入金属条，产生凸版文字后进行印刷，他在 1896 年将其改造为使用铜模的热金属机器。随着手工切割字符模具成为可能，新字体种类也随之激增。

直到 20 世纪，连诺铸排技术和蒙纳铸排技术一直统领着排版业。第一个真正取代这种热金属排版技术的是照排机，

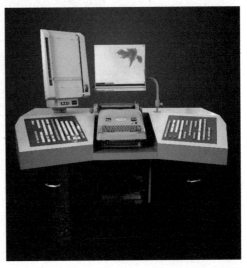

▶1965 年的鲁米型照排机的实物图

是法国里昂的电子工程师伊格纳和莫鲁德于 1946 年发明的，被称为鲁米型照排机。该机器的创新之处在于，它能够将排版从机械过程转变为电子过程。照排机的工作原理是将文字拍摄到感光介质上，某些模型中的感光介质可能是胶片，另一些模型可能将感光纸作为转印材料。20 世纪 50 年代早期，照排机采用的是背光版，上面印有需要印刷的图像，这些图像会快速且连续地在胶片上一闪而过。

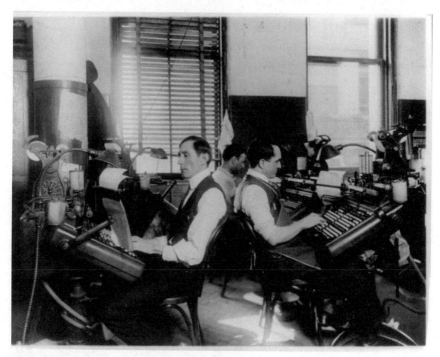

▶1885 年发明的连诺铸排机更易于操作但噪声很大

伊格纳和莫鲁德移居美国继续研发产品，并在纽约展示了他们的第一台商用设备的原型机，即鲁米型照排机的原型机。1953 年，原型设备"牵牛花"（Petunia）被用来排版一本名为《奇妙的昆虫世界》的书，这是史上第一本采用照相排版法印刷而成的书。

桌面革命

个人计算机的发明在出版业引发了一场革命。人们能够用它完成以前需要技能、专业知识、昂贵且复杂的设备才能完成的任务。桌面出版开启了个人排版的大门，人们可以将文字、数据、照片、图表和其他元素融合到一个文件中，并以任何可以想象到的方式排版，然后再用高分辨率打印机打印出他们想要的任意数量的副本。而如今，我们只要把文件发送到世界各地的任何计算机、智能手机和平板电脑上就可以做到这一点。

这场革命始于 20 世纪 80 年代中期。1983 年，苹果公司推出丽萨（Lisa）计算机。这台计算机首次采用图形用户界面和鼠标，因此在屏幕上整合布局变得更加容易。1985 年，苹果公司推出 Apple 激光打印机和专业排版软件 PageMaker，帮助许多人走上了价格低廉的桌面出版之路。使用该系统的用户只需坐在办公桌前，在桌面上创建一个文件，然后用打印机将它打印出来。

"桌面排版"这个词源于美国 Aldus 公司创始人保罗·布雷纳德（Paul Brainerd）提出的一个营销口号，这个口号突出了专业排版软件相对于当时昂贵的商业照相排字设备的优点，即体积更小，价格也更加便宜。

第六章

工业革命

工业革命

工业技术发展时间线	
1606 年	西班牙人耶罗尼莫·博蒙特（Jerónimo Beaumont）申请第一个蒸汽动力装置的专利。
1705 年	托马斯·塞维利（Thomas Savery）建造蒸汽泵。
1708 年	亚伯拉罕·达比（Abraham Darby）开始用焦炭冶炼铁。
1712 年	托马斯·纽科门（Thomas Newcomen）发明实用蒸汽机。
1733 年	约翰·凯伊（John Kay）发明飞梭。
1764 年	詹姆斯·哈格里夫斯（James Hargreaves）发明珍妮纺纱机。
1769 年	詹姆斯·瓦特（James Watt）改进纽科门的设计，在蒸汽机中增加了一个独立的冷凝器。
1771 年	理查德·阿克莱特（Richard Arkwright）建立了第一家纺织厂。
1779 年	塞缪尔·克伦普顿（Samuel Crompton）发明走锭精纺机。
1783 年	亨利·科特（Henry Cort）想出方法将生铁中的碳在炉中全部烧尽，这样就可以大量生产熟铁。
1785 年	埃德蒙·卡特赖特（Edward Cartwright）取得第一台动力织布机专利。
1856 年	亨利·贝塞麦（Henry Bessemer）发明了一种能够大幅提高钢产量的工艺。

　　工业革命是一段在技术突破的指引下以前所未有的方式推动变革的历史。大约在 18 世纪初，农业社会开始转向工业社会，生产方式由手工制造转变为机器驱动的批量生产。

　　工业革命的原动力是蒸汽机。为了解决能源问题，人们发明了高能耗的蒸汽机。17 世纪的欧洲，过度砍伐树木导致当时的主要能源从木材变为煤炭。为寻找新的矿层，矿井的深度逐渐增加，而地下水灾害也变得越来越严重。早期，常见的排水方式是，用马匹带动滑轮系统上的一列水桶去抽水。这种方法效率低下且成本高昂，因为动物需要定时喂养、兽医护理和建设圈舍。

深入井下

1606 年，西班牙矿业管理员博蒙特注册了第一个用蒸汽动力排出矿井水的机器专利。在塞维利亚的瓜达尔卡纳尔岛，他采用蒸汽驱动的机器为银矿排水。

虽然西班牙人是第一台矿用蒸汽驱动水泵的专利拥有者，但是第一台蒸汽机的发明却要归功于塞维利。

1698 年，工程师兼发明家塞维利申请了蒸汽机专利，该机器利用蒸汽压力可以有效地抽出矿井中的积水。塞维利采用了物理学家丹尼斯·帕潘（Denis Papin）提出的原理。帕潘发明了高压锅，还成功地通过加热气缸中的水至沸腾使活塞升高，并证明蒸汽凝结时产生的真空可以举起重物。通过冷凝产生真空是蒸汽动力最重要

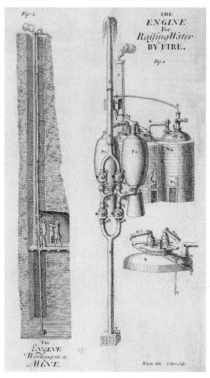

▶塞维利的蒸汽泵运行示意图

的原理之一。虽然帕潘未能将自己的想法付诸实践,但他为塞维利发明蒸汽机指明了方向。1705 年,塞维利将帕潘的设想变成现实。

塞维利发明的蒸汽泵被称为"用火抽水的引擎",它由两个锅炉组成,锅炉之间由管道和一个气缸相连。蒸汽通过锅炉的一个阀门进入气缸,将水喷到气缸外部,使气缸内的蒸汽冷凝,由此产生的局部真空会将更多水从第二个阀门吸进气缸中,然后蒸汽压力会将气缸中的水通过管道排出。当一个容器向外排水时,另一个容器会从矿井中向上抽水。操作者只需切换这些阀门,就可以重复进行循环。

向上的抽水量取决于蒸汽压力。塞维利写道:"我的蒸汽泵可以轻松地将满桶水提到 18 米、21 米和 24 米的高度。"略微降低水位是更为安全的做法,因为压力过高会导致蒸汽泵爆炸。有时,操作员为了抽出更多的水,会把锅炉的压力升高,而这很可能造成事故。

纽科门蒸汽机

纽科门找到了一种方法来弥补塞维利的设计的不足。作为一名在英国西南部经营矿山的铁器商,他深知蒸汽泵对矿井的重要性。1712 年,纽科门在他的助手约翰·盖里(John Calley)的协助下研制了一种蒸汽机。它使蒸汽在水冷式气缸内冷凝,由此产生的真空被用来拉下活塞,该活塞通过链条连接到一根大横梁的一端,另一端被固定在浸水矿井底部的水泵上。不同于塞维利的高压系统,纽科门的蒸汽机利用大气压将活塞向下推入气缸,操作更加安全。纽科门蒸汽机的创新之处在于,它在气缸内喷射水雾,以使缸内的蒸汽冷凝,而不是像蒸汽泵那样冷却气缸。通过这种方式,纽科门蒸汽机加快了循环速度并节省了大量余热。

1712 年，纽科门研制的首台实用蒸汽机被安装在斯塔福德郡达德利城堡的一个煤矿里。它的气缸直径为 0.5 米，长度约 2.5 米，每分钟 12 个冲程，在近 50 米的深度可做到每次抬升取水 45 升。由于塞维利的专利覆盖范围很广，涵盖了任何以火作为推动力的提水装置，纽科门和盖里被迫与塞维利合办公司，一起销售这种备受追捧的蒸汽机。直至纽科门去世那年，欧洲各地至少有 100 台纽科门蒸汽机仍在被使用。在德比郡的奥克索普煤矿，有一台蒸汽机在投运 127 年之后仍可正常运作。

▶ 纽科门的蒸汽泵模型

詹姆斯·瓦特

虽然纽科门设计的蒸汽机效率极低，不仅消耗大量煤炭来提供动力，还需要连续供应冷水进行冷却，但是它依旧在此后的 50 多年被广泛使用，其被用于矿井抽水、湿地排水和城镇供水。瓦特是一位工程师和仪表制造商，他推动了蒸汽机的进一步发展，这个灵感是他在修理一台小型纽科门蒸汽机时产生的。

▶艺术家詹姆斯·劳德（James Lauder）对工作中的瓦特的浪漫描绘

瓦特认为，一定存在可以提高蒸汽机效率的方法。1769 年，他得出一个结论：如果可以找到能够单独冷凝蒸汽的方法，就可以使气缸保持高温。独立的冷凝器让蒸汽机能够连续运转，无需因重新加热气缸而被迫暂停。此后，瓦特进一步改进了他的设计。首先，他让蒸汽交替从活塞两侧进入，因此蒸汽机在活塞向下冲程和向上冲程中均可以提供动力。接着，他设计了一种行星齿轮传动系统，将横梁的往复运动转变为旋转运动，并添加了一个离心式调速器，使蒸汽机在不同负载下均可保持速度恒定。瓦特还为蒸汽机设计了一个压力表。1790 年，瓦特改进的蒸汽机能够持续提供动力，蒸汽机不再需要紧靠水源。于是，人们开始在靠近原材料和运输系统的地方建立工厂。瓦特改进了蒸汽机，这标志着工业革命正式开始。

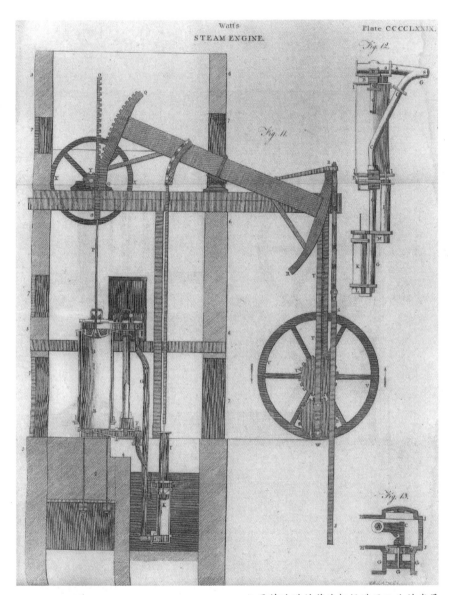

▶瓦特改进的蒸汽机促进了工业的发展

纺纱和织布

纺纱和织布历史悠久，考古学家在 4000 多年前的古埃及陵墓中发掘出了织布机模型。然而，直到工业革命来临，纺纱和织布的效率才真正得到提高。

▶飞梭的发明者凯伊在他的家乡伯里被视为英雄

织布机的工作原理是将纱线交织在一起，并将其纺织成布。在这个过程中，经线沿织布机纵向排列，人们用梭子牵引纬线，直至编织成布。然而，这种方法效率极低，完全依赖手工操作。1733 年，凯伊发明了飞梭。通过拉动绳索，带轮飞梭可沿轨道穿过经线。飞梭的出现大大提高了生产效率，人们能够织出面积更大的布了。然而，织布工人们把凯伊的飞梭视为一种影响生计的威胁，他们认为布料产量增加会导致供过于求，进而使利润降低。

伴随飞梭的出现，人们对纱线的需求增加。在此之前，纱线的手工生产速度一直很缓慢。因此，发明家们开始把注意力转向纺纱机的生产效率上。1738 年，伯明翰发明家路易斯·鲍尔（Lewis Paul）和机械师约翰·怀特（John Wyatt）申请了一项骡动力纺纱机的专利，该机器通过不同运行速度的纺纱辊对来牵伸纱线。他们的

▶在织布机上，飞梭牵引纬线穿过经线

五台机器被安装在北安普顿的一家工厂，这是世界上第一家棉纺纱厂。但是，由于辊式纺纱机不够安全，因此没有被大众广泛接受。没过多久，鲍尔和怀特就破产了。

1764 年，哈格里夫斯发明了珍妮纺纱机，这是一种可以由一个人手摇操作的八锭纺车，每次可以纺八根线（改进后的机型增加到 80 根线）。然而，纺纱工们对这一发明感到不满，他们闯入哈格里夫斯的家，摧毁了他的机器，但这无济于事。1778 年，哈格里夫斯逝世，那时英国大约已经有 2 万台珍妮纺纱机投入使用。

阿克莱特被大多数人誉为现代工业制度之父，他从前是一名理发师和假发商。1767 年，他与技艺精湛的钟表匠约翰·凯伊（与飞梭发明者同名）

▶珍妮纺纱机可以同时纺多根线，大大提高了纺纱效率

合作发明了一种纺纱机。这种纺纱机的移动辊轮装置模仿纺纱者手指的牵伸动作，旋转的锭翼能够将棉花加捻成纱。最初，阿克莱特打算用马力来驱动他的设备，后来他发现，水力驱动的效果更好。1769 年，他在鲍尔和怀特早期设计的基础上申请了水力纺纱机专利，利用水车的力量更高效地生产高质量纱线，这使大规模生产成为可能。水力纺纱机的发明让未经培训的工人也可以大量生产结实、精良的纱线。1771 年，阿克莱特在德比郡的克罗姆福德建立了第一家纺织厂，主要用来放置他的设备。同时，他也是第一个使用瓦特蒸汽机来驱动纺织机器的人，尽管他那家位于曼彻斯特的工厂仅仅是用蒸汽机把水抽到水车的磨轮里。

▶1771 年，阿克莱特建立了他的第一家工厂，他是最早使用瓦特蒸汽机的人之一

1779 年，克伦普顿发明走锭精纺机，它融合了珍妮纺纱机的移动托架和阿克莱特水力纺纱机的辊轮，比以前的纺纱机更加高效。克伦普顿的纺纱机不仅能同时处理数百锭的纱线，还能生产不同类型和质量的纱线。不过，他的设计未能获得专利，因此这种纺纱机很快就被大规模使用，投入使用的纱锭超过 400 万支。1813 年，威廉·霍洛克斯（William Horrocks）改进了这项设计，为其增加了变速控制装置。

卡特赖特在参观阿克莱特的棉纺厂后，于 1785 年取得第一台动力织布机专利。人们认为这个复杂过程太难理解，以至于无法实现自动化，但卡特赖特并没有退缩。1787年，他在唐卡斯特开设了一家织布厂。两年后，他使用瓦特生产的蒸汽机来驱动织布机，从前需要手动完成的工作都可以通过机械操作来实现，而工人主要负责修理机器上的断线。

动力织布机使织布过程向机械化发展，它生产布料的速度比手摇纺织工快得多，并且一个人可以同时控制多台机器。在工业革命的推进过程中，走锭精纺机和动力织布机由水力驱动转变为蒸汽驱动，纺织厂如雨后春笋般涌现，逐渐占据市场主导地位。到19世纪中叶，英国大约有30万台动力织布机投入使用。

▶卡特赖特发明的动力织布机改变了纺织业

铁与钢

工业革命期间，工业飞速发展，这种发展需要原材料来维持。工业革命有一个重要特征，那就是一系列能够满足新行业不可预见的需求的新型材料、制造方法得到了广泛应用。

铁不是一种新材料，它早在 3000 年前的铁器时代就已经产生了，但当时铁的生产仅限于小规模的木炭冶炼，不能满足新工业时代的要求。冶炼铁矿石的关键不仅在于提供热源，还在于提供还原剂——一种与矿石中的氧化铁发生反应的化学物质，由此才能释放出金属形式的铁。

木炭之所以有效是由于它既是热源又是还原剂。英国过度砍伐树木导致木材短缺，煤炭开始作为替代燃料。但炼铁者发现，煤炭中高浓度的硫使铁变得易碎，而且质量会变差。

▶19 世纪初，科尔布鲁克代尔的炉火照亮了这片土地

1708 年，达比想出一个主意，他想用焦炭替代煤来炼铁。焦炭是通过控制温度来加热煤而生成的，这与从木材中生成木炭类似。焦炭对于大规模生产生铁炉非常关键。达比在科尔布鲁克代尔的塞文河河畔建造了古炉，这是现代高炉的前身。空气通过管道从炉中部吹入，焦炭、石灰石和铁矿石从炉顶部送入炉中并在空气中燃烧，熔化的生铁最终会流入炉底并铸模。

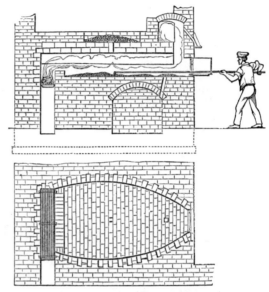

▶采用科特搅拌工艺的反射炉，能够分开燃料和熔化的金属

焦炭中的一些碳溶解在铁中。人们发现，碳含量决定了产出的铁的熔点和其他性能。如果能够控制铁中的碳含量，就有可能以适用于工程用途的工业规模来生产铁。科尔布鲁克代尔炉对于蒸汽机零部件的制造尤为重要。

生铁是一种可以通过冶炼而获得的铁，还有一种铁，即熟铁。熟铁比生铁更易延展，且更不易碎，因此更具优越性。熟铁最初是通过锻造或锤击热铁、除去杂质的方式制成的。科特发现了一种在高炉中用生铁制造熟铁的方法。1775 年，他从英国海军退役后，在普利茅斯郊外购买了一家小型炼铁厂。1783 年，他在这个炼铁厂中发明了搅拌法炼铁工艺，并申请专利。在科特的炼制过程中，熔融的生铁、空气和铁矿石在反射炉中加热，火焰和高温气体为金属提供热量，所以金属不会与燃料直接接触，循环的空气就能够除去铁中的碳。在科特工艺的影响下，此后 20 年中，熟铁产量增加了 400%。此外，他还研制了一种速度更快且更节约能源的辊轧机，其能够使用带槽辊生产熟铁棒。

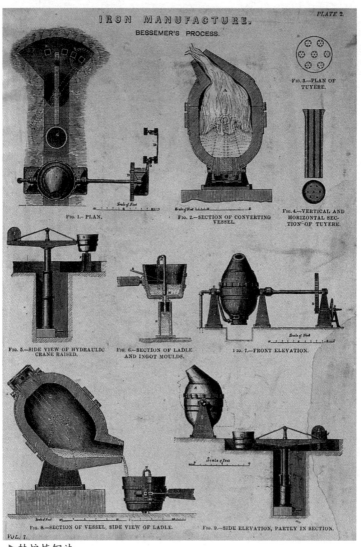

▶转炉炼钢法

钢在公元前 1500 年的炭炉中就产生了，人们进一步了解了碳对铁所起到的影响后，钢也获得了发展。生铁中的碳含量较高，约为 4%。钢是铁的合金，其中的碳含量比铁低得多，约为 0.4%。

1856 年，贝塞麦利用各种炉子进行了一系列经典实验，实验目的是燃烧掉铁中的碳。他突然意识到，在炼钢时并不需要为铁水加热、提供燃料，新的技术突破便出现了。如果把空气吹入铁水，碳和其他杂质会开始燃烧并产生热量，从而能够在保持金属的热度和流动性的同时，减少金属中的碳含量。这就是贝塞麦炉的原理。

其他人在复制贝塞麦的方法时却遭遇了挫折，而这导致了灾难性的后果。正如贝塞麦最终发现的那样，问题的根源在于其他钢铁生产商使用的是被磷污染的矿石，这阻碍了优质钢的生产。通过改变炉衬，使磷从钢中脱离，就能够解决这个问题。从前需要花 12 个小时才能生产 1.5 吨熟铁，现在只需 20 分钟，就能生产出比以前多 10 倍的熟铁。到 19 世纪末，英国每年的钢铁产量达到了 3000 万吨。

▶现代用高炉生产钢铁的技术，是由 18 世纪达比所研发的技术发展而来的

第七章

让世界电气化

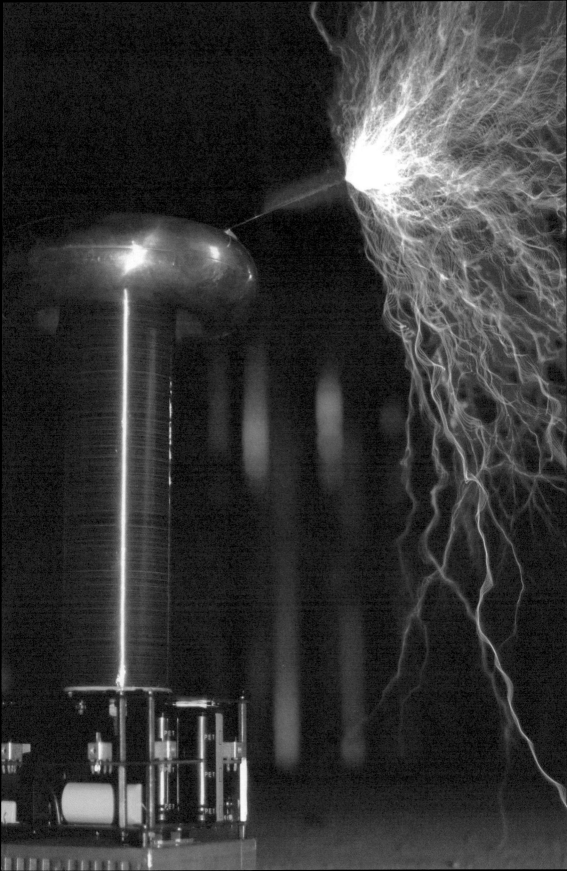

让世界电气化

电的发展时间线	
1800 年	亚历山德罗·伏特（Alessandro Volta）发明了伏打电堆。
1809 年	汉弗里·戴维（Humphry Davy）发明弧光灯，这是世界上最早的电灯。
1821 年	迈克尔·法拉第（Michael Faraday）开展将电能转化为动能的实验。
1832 年	波利特·皮克西（Hippolyte Pixii）发明第一台实用的机械式交流发电机。
1834 年	莫里茨·雅科比（Moritz Jacobi）制造出第一台实用的电动机。托马斯·达文波特（Thomas Davenport）发明电刷和换向器。
1859 年	加斯顿·普兰特（Gaston Planté）发明铅酸电池。
1859 年	安东尼奥·帕奇诺蒂（Antonio Pacinotti）发明第一台直流发电机。
1860 年	约瑟夫·斯旺（Joseph Swan）制造出白炽灯原型灯泡。
1869 年	齐纳布·格拉美（Zenobe Gramme）发明电动发电机。
1878 年	托马斯·爱迪生（Thomas Edison）为他的灯泡申请专利。
1882 年	爱迪生在美国开设第一家商用电站。
1885 年	威廉·斯坦利（William Stanley）发明变压器。
1887 年	尼古拉·特斯拉（Nikola Tesla）发明感应电动机。
1891 年	世界上第一座交流发电站在伦敦德普特福德建成。

18 世纪，人们的电力来源是闪电和静电。然而，闪电过程不受人类控制，静电设备虽能产生强大的火花，但并不能持续提供电流。

　　1780 年左右，意大利物理学家路易吉·伽伐尼（Luigi Galvani）注意到，当他用铁手术刀解剖固定在铜钩上的青蛙时，死青蛙腿上的肌肉会发生痉挛。伽伐尼认为，这说明某种电流正在流经青蛙的身体，他将其命名为"动物电"。同为意大利人的伏特对伽伐尼的发现很感兴趣，但伏特并不认同伽伐尼的结论。伏特猜想，电流产生于不同金属之间的接触。

　　由于没有合适的仪器来验证他的假设，伏特只好将各种金属组合在一起，塞进自己的嘴里，看看会发生什么。在确定锌和铜的组合能产生最令人震惊的效果后，伏特建造了一个竖直电堆，把圆形的锌片和铜片交替叠置，并用浸渍过盐水的布隔开每一对锌铜片。他用一根电线连接电堆的两端，

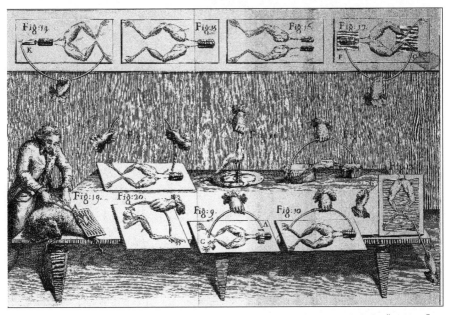

▶伽伐尼的实验使他误以为存在"动物电"

▶伏特关于使用金属产生电能的猜想是正确的，他利用这一发现制出第一个电池

当他用手指触摸电堆时，他感觉到一阵轻微的刺痛，或者说是震动。电堆上的锌铜片越多，他感到的震动就越大。就这样，伏特发现了电流。

伏特的发现使生产稳定的电力成为可能。1800 年，他向伦敦的英国皇家学会报告了他的发明。几周内，这个被称作伏打电堆的装置就在实验室里投入实验性服务了。苏格兰化学家威廉·克鲁克尚克（William Cruickshank）设计了一种水平电堆，将锌片和铜片装在一个绝缘木箱里，后来这种设计被普遍接受。

可充电的电池(蓄电池)是现代生活必不可少的一部分，它的前身是普兰特 1859 年发明的铅酸电池。铅酸电池由铅和氧化铅的线圈组成，线圈从中间被橡胶条隔开，并置于稀硫酸溶液中，通过稀硫酸与铅反应产生电流。当外部电源向电池施加电流时，反应过程变为反向进行，电池被重新充电。铅酸电池仍然是当今最常用的用于汽车的电池之一。

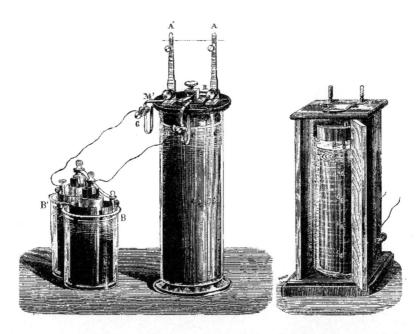

▶普兰特的可充电铅酸电池的原理与今天的汽车电池相同

电动机（马达）

如果将电动机定义为一种将电能转化为动能的装置，那么我们可以认为法拉第在 1821 年圣诞节那天发明了第一台电动机。

1820 年，丹麦物理学家汉斯·奥斯特（Hans Oersted）观察到，当指南针靠近一根带有电流的电线时，它会发生偏转。这是个改变世界的重大发现，证明了磁和电在本质上是相关的，这让发电站和电动机成为可能。

法拉第设计了一个巧妙的实验。他准备了一个水银烧杯，将条形磁铁垂直固定在其中央。然后，将一根可自由移动的电线从金属臂上悬挂下来，使它浸在水银中，构成一个电路回路。在实验中，流经电线的电流在电线周围产生磁场，该磁场与条形磁铁的磁场相互作用，从而使电线旋转。

1822 年，彼得·巴洛（Peter Barlow）把摇摇晃晃的电线换成一个带辐条的轮子，他也将轮子浸入水银槽中。在施加电流时，轮子开始旋转，这表示法拉第的发现可能具有实际用途。1834 年，普鲁士物理学家和工程师雅科比制造了第一台实用的电动机，它的功率约 15 瓦。1839 年，他建造了一艘由电池提供动力的电动摩托艇，其动力足以载 14 人穿越涅瓦河。

大约在同一时间，佛蒙特州的铁匠达文波特也在研制电动机。1834 年，他组建了一套将电磁体安装在转子和固定极上的装置。当接通电流时，磁铁之间的相互作用会使转子旋转半圈。达文波特发现，如果将导线反接到

▶达文波特用电磁铁制造电动机

一个磁铁上，转子将再旋转半圈。于是，他发明了电刷和换向器。当轮子转动时，为电磁铁供电的电路会断开，并与一个极性相反的新电路连接，这逆转了电磁铁的极性，会推动轮子再转半圈。重复这个过程，轮子也在旋转。如今的电动机仍在使用这个方法。

为人类供电

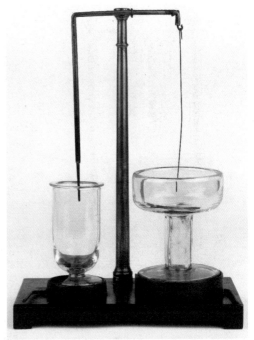

▶法拉第的简单装置证明电能可以转化为动能

1831 年，法拉第发现，在电路附近移动磁铁会产生电流。磁铁移动的速度越快，产生的电流就越强。法拉第打算验证他的另一个设想，他拿起一个铁环，在相反的两侧缠绕出两个线圈，然后将第一个线圈连接到电池上。他推断，当第一个线圈中接入电流时，铁中产生的磁场会使第二个线圈中产生电流。

当电流接通时，如果罗盘指针来回闪动，就说明它检测到了第二个线圈中的电流。当电流被切断时，指南针再次短暂晃动了一下，不过朝向了相反的方向。法拉第很快意识到发生了什么：变化的磁场就像移动的磁铁一样能够产生电流。通过快速接通和切断电流，第二个线圈中也产生了电流。由此，法拉第发现了电磁感应。1832 年，他在约瑟夫·亨利（Joseph Henry）之前发表了研究成果，而后者在电磁铁的实验过程中同样验证了这一现象。

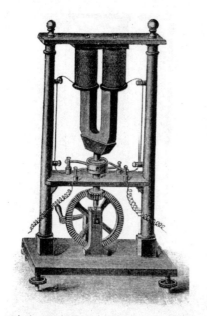

▶皮克西的机器率先将动能转化为电能

的单向直流电大不相同。1859 年,意大利物理学家帕奇诺蒂发明第一台直流发电机。

1869 年,比利时发明家格拉美将发电机从实验室里的装置变成具有实用价值的物品。他发明的发电机装有 30 个缠绕在铁环上的线圈,并且它们可以旋转。1871 年,格拉美与法国工程师希波利特 · 方丹纳(Hippolyte Fontaine)合作销售他的设备。他们偶然发现,格拉

这些发现促成了将运动转化为电力的发电机的发明。法国仪器制造者皮克西率先利用法拉第的想法建造了第一台实用的机械式交流电发电机。这台机器通过转动手摇曲柄使安装在底座上的马蹄形磁铁旋转,从而使电流在其上方的线圈中流动。法拉第的电动机将电转化为运动,而皮克西的发电机将运动转化为电。

旋转磁铁所产生的电流是交流电,即电流先向一个方向流动,然后反过来向相反方向流动。这与当时科学家们所熟知的电化学电池(如伏打电堆)产生

▶法拉第帮助我们加深了对电和电磁学的理解

美的发明实际上是可逆的，不仅可以用作发电机，还可以充当电动机。1873年，他们在维也纳世界博览会上展出这个装置，这一创新引起了人们对电的兴趣。

塞巴斯蒂安·费兰蒂（Sebastian Ferranti）曾与开尔文勋爵威廉·汤姆森（William Thompson）合作开发发电机，他受伦敦电力公司委托，设计了世界上第一座现代化的发电站，该发电站位于伦敦的德普特福德。费兰蒂设计的发电站提供高压交流电，需要经由变压器降压后才可供用户使用。1885年，美国人斯坦利应用法拉第发现的电磁感应原理发明了变压器。变压器的输入线圈和输出线圈的线圈回路数决定了输入线圈和输出线圈中电流的比值，同时也能够更轻易地将低压电流转换为高压电流。这样做的好处在于，高压电流可以传输更长的距离，而能量损耗却很少。当电流到达目的地时，它可以转化为一个更安全的电压，供家庭使用。

▶格拉美的发电机可供商业使用

▶德普特福德发电站的剖面图

事实证明，费兰蒂的交流电系统比爱迪生在大西洋彼岸提倡的直流电系统更有竞争力。1889年，爱迪生声称交流电不安全。为了回应这一挑战，费兰蒂让德普特福德的工地领班将助理工程师 H.W.科勒手持的金属凿子插入一根 1 万伏特的电缆中。正如费兰蒂预料的那样，凿子折断了电缆，触发主保险丝跳闸，二人毫发无损。

这样的小冲突在美国被称作"电流之战"，而在英国被称作"系统之战"。在美国，直流电倡导者爱迪生与交流电倡导者乔治·威斯汀豪斯（George Westinghouse）、特斯拉之间的电流之争更为激烈。

1882年，爱迪生在纽约开设了珍珠街发电站，这是美国第一家商用电站，主要为商业区供电。爱迪生通过在地下铺设由铜电缆构成的电网，将发电机组与家庭和企业连接在一起。珍珠街发电站标志着从现场小规模发

▶当时的杂志描绘了爱迪生在珍珠街发电站铺设电缆的情景

电向规模化供电的重要
转变。截至 1884 年底，
珍珠街发电站为 500 多位
用户点亮了 10000 多盏灯。

珍珠街发电站投入
运营的前一年，爱迪生
聘请塞缪尔·英萨尔
（Samuel Insull）作为自
己的私人助理。英萨尔
不仅意识到发电的重要
性，也深知电力分配方
法的重要性。1892 年，
英萨尔离开爱迪生之后，
接管了芝加哥的一座发
电站。当时，电力是一项
高风险的生意，电无法
储存，还必须同时生产、

▶爱迪生是有史以来最高产的发明家之一

传输、分配和消费，因此电被视为一种昂贵的奢侈品。英萨尔买下了竞争
对手的公司，然后将其打造成世界上最大的发电站之一，即哈里森街发电
站。他通过各种方式售电，并建立起一个庞大的用户群，向不同时段使用
电的用户收取不同的费用。他的电价非常低，即使是小型企业和普通家庭
也能够负担得起。通过为家庭低价布线、赠送电器及进一步降低费率等手段，
英萨尔不断增加用户的用电需求。他的计划成功了。20 世纪 20 年代末，英
萨尔为 400 多万名用户提供服务，公司估值近 30 亿美元。

1884 年，塞尔维亚工程师特斯拉开始为爱迪生工作。特斯拉帮助爱迪
生改进直流发电机，同时也为自己正在开发的交流发电机争取赞助，但是

没有成功。1885 年，特斯拉辞去爱迪生实验室的工作，获得了交流电的专利权，并将专利卖给西屋电气。西屋电气的目标是将电配送到爱迪生的电力系统无法覆盖的社区。由于爱迪生的电力系统所使用的铜管费用较高，因此只有在人口密集的地区铺设电路才能保证效益。西屋电气决定使用交流电系统，这样就能够提高供电电压，让铜电缆的尺寸更小。变压器只能在交流电下运作，这个发展方向对爱迪生来说并不适用。

特斯拉的发明之一是感应电动机，这就是目前的吸尘器及大多数家用电器所依赖的电机。感应电动机的巧妙之处在于，它设计简单，部件磨损少，而且制造成本低得多。但是，它并不适用于对精确度有要求或需要低速控制的场景，如计算机磁盘驱动器。

特斯拉希望在他的电动机设计中取消换向器（给电机转子供电的旋转开关），并设置了一个旋转磁场来取代它。当时，电动机的设计是为了保持定子的磁场恒定，而转子的磁场则通过换向器来改变。特斯拉颠覆了这一设定。在他的电动机

▶特斯拉因其对交流电的发展做出的贡献而声名大振

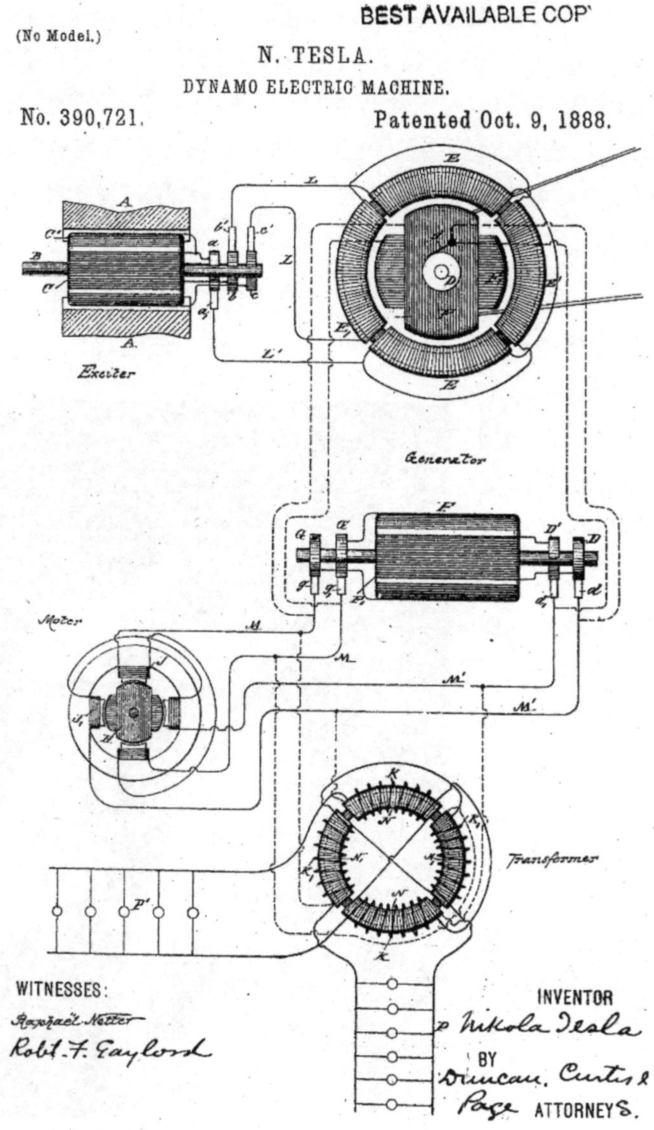

▶特斯拉的发电机专利中的一页

中，电流在定子的单个电磁铁中打开、关闭，产生一个旋转的磁场。当定子中的磁场旋转时，它在转子中形成了一个相反的电场，从而使转子转动。1887 年，特斯拉发现将两股不同的交流电输入定子两侧的线圈，就可以产生他想要的旋转磁场。

西屋电气购买了特斯拉的专利，从此拥有了分配电力的手段和设备。不过交流电系统的高电压给安装线路的工作人员带来了很大的风险，而爱迪生迅速抓住了那些无法避免的死亡事件。为了赢得公众对直流电系统的支持，爱迪生公司的工程师们进行了可怕的公开演示。通过这次演示，记者们目睹流浪狗被西屋电气的设备电死。1890 年，威廉·凯姆勒（William Kemmler）获得了一个不太光彩的称号，他成为世界上第一个被电刑处死的人。爱迪生公司的员工们说服了当局，称西屋电气的发电机十分危险，并在报纸刊登头条新闻，明确指出凯姆勒是被西屋电气的设备电死的。

▶特斯拉制造的交流发电机，被威斯汀豪斯购买并使用

　　尽管爱迪生要了许多花招，西屋电气和特斯拉的交流电系统还是占了上风。1893 年，西屋电气获得了为芝加哥世界博览会供电的资格。同年，尼亚加拉瀑布电力公司与西屋电气签订合同，让其从尼亚加拉瀑布发电及向美国东部供电。从那时起，大多数电气设备都开始采用交流电，交流电很快成为全世界电力传输的首选。

让世界有光

　　第一盏电灯是弧光灯，由戴维于 1809 年发明。戴维在伦敦英国皇家学会的地下室里，利用伏打电堆建造了一个巨大的电池。他把电池两端连接到两个碳棒上，当碳棒靠近时，电流就会穿过棒间的缝隙并发出一道弧光。在接下来的 50 年里，发明家们一直致力于改进弧光灯，他们使用机电调节器来保持碳棒之间所需的精确间隙。但是，弧光灯过于依赖电池，这限制了它的发展。

　　直流发电机的发明使弧光灯有可能应用于街道和建筑物照明。1876 年，克利夫兰的查尔斯·布拉什（Charles Brush）设计了一种发电机，可以向四盏串联的弧光灯供电。布拉什的强光灯被用来照亮街道、工厂和商店，但它们的功率太大，不适合家庭照明。

　　戴维发现，当电流流过导线时，导线的电阻会使导线升温，变为白炽状态。创造实用电光源的关键在于找到一种燃烧时亮度很高又很持久的廉价物质。1840 年，英国化学家沃伦·德拉鲁（Warren de La Rue）解决了这个科学难题。他使用细长的、高电阻灯丝来增强亮度，灯丝由高熔点金属制成并被密封在真空中，这使得灯丝寿命更长。然而，他选择了昂贵的铂金作为制作灯丝的材料，又无法创造良好的真空环境，这使得他的灯无法实现商业化生产。1850 年，英国物理学家斯旺通过将碳纸细丝封装在真空玻璃泡中，制造出"灯泡"。1860年，他制造出一个可以正常使用的白炽灯原型灯泡，他还在努力创造足够好的真空环境，以及提供充足的电力供应。1878年，斯旺向公众展示了一种用处理过的棉线做灯丝的灯泡。

同期，爱迪生开始研发更为实用的白炽灯。1878年10月，他研制出一个使用碳化棉线做灯丝的灯泡，这种灯泡可以连续使用14多个小时。然后，爱迪生提交了他的第一项"改进电灯"的专利申请。此后，他继续测试不同类型的灯丝，包括棉线、亚麻线、木片，以及用各种方式卷起来的纸张，最后他决定使用碳化竹丝，这种灯丝可以连续使用1200多个小时。爱迪生还对灯泡进行了其他改进，包括发明更好的真空泵来抽走灯泡中的空气，以及发明螺丝，并用它将灯泡安全地安装到插座上。

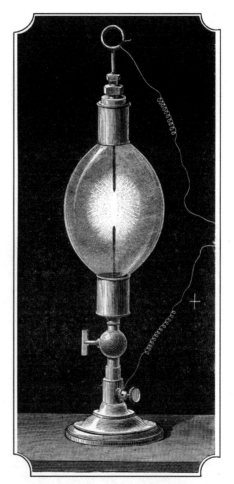

▶戴维发明的弧光灯

爱迪生的灯泡专利引发了相当大的争议，人们认为他侵犯了斯旺等其他发明家的权利。最终，爱迪生加入了斯旺的公司，他们在英国合作成立爱迪斯旺公司。

▶这是斯旺对电灯泡的早期尝试之一

发明灯泡后，爱迪生在想办法让它变得更加有用。为此，他借鉴了已有的煤气照明系统的照明技术。1882 年，爱迪生在伦敦霍尔本高架桥建造了世界上第一个燃煤电站，这证明了电可以通过一系列电线和管道从集中的发电机中分离出来。位于纽约曼哈顿的珍珠街发电站保证了他的用户能够获得足够的电来点亮灯泡。此外，为了追踪用户的用电量，爱迪生还发明了电表。

▶1870 年爱迪生发明的纸灯丝灯泡

第八章

看见自己

看见自己

摄影术发展时间线	
1727 年	约翰·舒尔茨（Johann Schulze）发现银盐在阳光下会变黑。
1826 年	约瑟夫·尼埃普斯（Joseph Niépce）成功拍摄了世界上第一张照片。
1837 年	路易·达盖尔（Louis Daguerre）制成第一张达盖尔银版照片。
1840 年	英国人威廉·塔尔博特（William Talbot）在负片的基础上发展了卡罗式摄影法。
1851 年	费德里科·阿切尔（Frederick Archer）发明了火棉胶湿版工艺。
1884 年	保罗·尼普科夫（Paul Nipkow）申请了机械电视扫描盘专利。
1888 年	乔治·伊斯曼（George Eastman）售出了第一部使用胶片的照相机。
1895 年	卢米埃尔兄弟为活动电影机申请专利。
1906 年	双色电影系统的发明，使彩色摄影成为可能。
1909 年	乔治·里格鲁（Georges Rignoux）和 A·福涅尔（A. Fournier）首次展示电视系统。
1925 年	约翰·贝尔德（John Baird）首次向公众展示了移动的电视图像。
1927 年	世界上第一部有声电影《爵士歌王》（*The Jazz Singer*）上映。菲洛·法恩斯沃斯（Philo Farnsworth）首次演示了电子电视系统。
1939 年	美国无线电公司首次为公众提供公共电视广播。

暗箱，或称暗室，最早出现在 10 世纪阿拉伯学者海什木的论述中，它实际上是一个侧面开有一个小洞的黑暗盒子状空间，光线穿过小洞，能够在对面的壁面上投射出外面场景的倒映影像。艺术家可以通过追踪图像来记录投影场景的映像。这个简单装置就是摄影术的原型。

形成图像是一回事，记录图像又是另一回事。1727 年，德国化学家舒尔茨偶然发现，银盐暴露在阳光下会变暗。100 年以后，有人将暗箱和银盐结合在一起，拍摄出第一张照片。

日光蚀刻法

1826 年 5 月，法国业余发明家尼埃普斯将涂有银盐的纸放置在一个暗箱的后壁面，成功获取一张图片。这是一张负片（也称为底片），不过图像很快就完全消失了，因为涂布纸在光照下会完全变黑。尼埃普斯称他的图像为"视网膜"。为了获取正片图像，尼埃普斯用化合物进行实验，使之被光漂白而不是变黑。

尼埃普斯还发明了一种利用光线复制版画的方法。他在一幅版画的背面涂上油，使它变得透明，然后把它覆盖在涂有感光沥青溶液的板子上，直接暴晒于日光下。几个小时后，溶液变硬了，而阴暗区域的溶液保持柔软，洗掉后便留下一模一样的版画副本。这个方法发明于 1822 年，尼埃普斯将它称为日光蚀刻法，也称"日光绘画"。

此外，尼埃普斯还用一个装有锡基合金盘的暗箱成功拍摄了世界上第一张可以永久保存的照片。那是一张从楼上窗户拍摄的乡村庭院的风景照，照片的曝光时间约为 8 小时。

▶1926 年，《窗外景色》摄于尼埃普斯的窗前

达盖尔银版照相法和碘化银纸照相法

舞台背景画家达盖尔在他的素描作品中描绘了暗箱之中产生的图像。他与尼埃普斯合作，寻找更好的拍摄方法。

1835 年，在尼埃普斯去世两年后，达盖尔发现那些在涂有碘化银盐的金属板上形成的图像，可以通过将汞蒸气附在曝光图像的方式呈现。这种方法的最大优点是可以将曝光时间从 8 小时缩短到 30 分钟，而缺点是当图像暴露在阳光下时，它会逐渐变暗。1837 年，达盖尔找到了解决方法：用普通食盐溶液溶解图像中未曝光的碘化银。利用这种方法，他在镀银的铜板上制作了一张他的工作室的照片。他将这种定影方法称为达盖尔银版照相法。

英国科学家塔尔博特受到启发，发明了一种能准确记录他的科学观察的摄影方法。1835 年，他找到一种使纸张感光的方法：将纸张交替浸泡在普通食盐和硝酸银的溶液中，以产生氯化银。当氯化银暴露在阳光下时，会形成暗的银负片图像，只要将刚处理过的纸张与该负片接触，并将其暴露在阳光下，就可以得到正片图像，但是这种方法并不完美。1839 年，塔尔博特的朋友，天文学家约翰·赫歇尔（John Herschel）提出一种为负片定影并上蜡，以减少纸纹的新方法，大大优化了效果。

法国政府免费向全世界提供了关于达盖尔摄影冲印的知识，达盖尔的这套方法迅速传播开来，各地游客很快就可以购买到他们所游览地区的银版照片。

人们做了一些实验来改进这种方法，使之更适合拍摄人像，这一直是人们最想做的事情。1841 年，在维也纳，约翰·福伦达（Johan Voigtlander）成功地将达盖尔相机缩小，使其更易于携带。约瑟夫·佩兹伐（Jozsef Petzval）研发出一种人像镜头（Petzval 镜头），其速度比达盖尔所使用的镜头快 20 倍。弗朗茨·克拉托维拉（Franz Kratochwila）发明了一种化学加工方法，使感光板的灵敏度提高 5 倍。

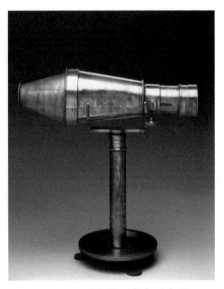

▶福伦达银版照相机的复制品

▶达盖尔的肖像

达盖尔银版照相法有一个缺点，即不能复制照片。塔尔博特一直在研究复制照片的方法，1840 年 9 月，他发现没食子酸（Gallic Acid）可以在纸上产生看不见的"潜影"。经过化学处理后，这些图像就可以变为人眼可见的"显影"。以前，相机曝光需要 1 小时，而现在 1 分钟就足够。不同于一次性的达盖尔银版照相法，卡罗式摄影法能够用一张负片复制无限量的正片。

▶图为塔尔博特的摄影工作室，塔尔博特正在操作摄像机

干版与湿版

1851 年，雕刻家阿切尔开创了一种新的摄影方法，这种方法结合了高

质量图像与易复制的负片这两个优点。他使用了一种叫作火棉胶的化学物质，其可以将光敏溶液附着在玻璃板上。这些感光板必须在火棉胶混合物干燥之前进行曝光处理，能将曝光时间缩短到几秒钟。由于图像质量更高而成本相对低廉，这一技术迅速赢得了大众的喜爱。

19 世纪 70 年代，罗伯特·L.马多克斯（Robert L. Maddox）与其他人合作，制成了一种将银盐保存在明胶中的新型感光板。这些感光板能长时间对光保持敏感，这意味着它们可以被大规模生产。同时，将有更多人有机会使用摄影技术，因为摄影不再需要使用大量的化学物质。干版的曝光速度更快，这使相机能够在第一时间捕捉到移动物体的图像。19 世纪 80 年代，摄影师埃德沃德·迈布里奇（Eadweard Muybridge）使用干版照相机对大量运动中的动物和人物进行拍摄。

超乎想象

19 世纪 80 年代中期，在伊斯曼开始制作胶卷以后，摄影成为一种真正可行的事业。薄膜很轻，弹性佳，比笨重易碎的玻璃板更容易运输。有了胶卷，摄影师可以快速、连续地拍摄多张照片，很容易捕捉到他们想要的画面。1888 年，伊斯曼利用柔性胶卷的优势，售出第一部柯达相机。那时，客户需要在使用相机后，将照片送回制造商冲洗照片。刚开始产出的照片质量并不算好，但这类问题很快就得到了解决。在数码相机问世之前，胶片一直是摄影师

▶伊斯曼发明了彻底改变摄影技术的摄影胶片

的常用工具。

21 世纪，摄影从依赖化学的感光乳剂转变为数码技术，数码技术能够使图像以从前无法想象的方式被捕获、存储和加工。第一台消费数码相机于 20 世纪 80 年代末问世。如今，只要有智能手机，任何人都可以抓拍到令前几代摄影师羡慕不已的照片。

▶1867 年，用火棉胶工艺拍摄的赫罗纳的相片底片

电影

没有一个人敢说电影是自己发明的。许多新发现，如摄影及利用静态图像组合来产生运动错觉，共同推动了如今我们所熟知的这一数十亿美元的

产业的崛起。

1891 年，爱迪生和他的助手威廉·迪克森（William Dickson）发明了活动电影放映机。通过这种装置，当观众透过镜头凝视迅速穿过的赛璐珞胶片时，就会产生影像正在移动的错觉。尽管这种电影放映机并没有真正放映图像（爱迪生认为这是不赚钱的），但它仍然被认为是后来的电影放映机的雏形。

1895 年，奥古斯塔·卢米埃尔（Auguste Lumière）和路易斯·卢米埃尔（Louis Lumière）为他们的活动电影机申请了专利（电影一词由此而来）。一个更早的电影机是由发明者莱昂·布里（Léon Bouly）在 1892 年发明的，但他没能支付专利费，因此他的发明没有被正式承认。卢米埃尔兄弟的电

1895 年　　　　1896 年 3 月　　　　1896 年 8 月

▶卢米埃尔兄弟的电影《工厂大门》的剧照

▶卢米埃尔兄弟用来制作电影的活动电影机

影机十分轻便，还兼具照相机和打印机的功能。他们制作了 1000 多部时长只有几分钟的日常生活短片。1895 年 12 月，在巴黎的大咖啡馆（The Grand Café），卢米埃尔兄弟放映了世界上第一部商业电影，包含 10 个短片，兄弟俩制作的第一部短片《工厂大门》也在其中。

路易斯·卢米埃尔认为电影是一个没有前景的发明，因为观众终会对观看那些他们在现实生活中很容易看到的东西感到厌倦。但是，到了 1914 年，一些国家的电影业已经建立起来。随着观众数量的增加，电影业也随之发展，而电影制作、

▶电影放映机的门开着，里面的胶卷带滚动着穿过取景器

发行和展览的投资费用也有所增加。第一批彩色电影是通过对黑白胶片进行上色和调色制作出来的。1906 年，分色原理被用于使用英国双色电影系统制作的图像，并于 1909 年首次向社会公开。

世界上第一部有声电影《爵士歌王》于 1927 年上映。华纳兄弟在维塔电话系统中使用了一个单独的录音光盘，用于在电影中播放声音。这一系统最终被音轨所取代。

▶《爵士歌王》作为第一部有声电影，创造了历史

电视

长久以来，人们一直在寻找远距离通信的办法，1844 年塞缪尔·莫尔斯（Samuel Morse）发明了电报，1876 年亚历山大·贝尔（Alexander Bell）发

明了电话，这些新发明使实现这一愿望成为可能。那么，是否存在一种发送图像的方法呢？电视对人们的日常生活产生了巨大影响，但电视的发明无法只归功于某个人。

1873 年，电工约瑟夫·梅（Joseph May）在修理大西洋电报公司的电缆时发现，硒棒在不同强度的光照下电阻也会发生变化。1880 年，莫里斯·勒布朗（Maurice LeBlanc）发明了一种传输动态图像的方法。通过一种扫描设备，图像中的光被发送到硒电池中，再由硒电池将其转化为电能。在接收器上，信号会控制一盏灯发出的光，通过视觉持续现象（电影中动态图像的原理），让所传输的图像组成画面。

1884 年，尼普科夫为他的机械电视扫描盘申请了专利。这个装置是由一个旋转的圆盘组装而成的，在其外边缘有 24 个螺旋状的孔。光线在穿

▶尼普科夫的电力接收器是最早的电视接收器之一

过旋转圆盘上的小孔之后会照射到硒电池上,再由第二个接收盘重组,形成图像。通过目镜,人们可以清晰地看到这些图像。此后,各种基于旋转圆盘和旋转镜子的设计陆续出现。

"电视"一词首次出现在康斯坦丁·波斯基(Constantin Perskyi)1900年向巴黎世博会提交的一篇论文中,并成为"远距离观看"技术的公认术语。1909年,三套不同的电视系统面世。其中,最有前景的是里格鲁和福涅尔展示的那套系统。他们的电视系统中有一个由一组硒电池组成的发射屏幕,每个硒电池都分别连接一个继电器。当各个继电器依次连接时,就会利用电线将信号发送到接收器,调制好的光源会通过一组旋转的镜子,最终在屏幕上形成图像。这是第一个真正意义上的电视系统。

贝尔德使用尼普科夫的圆盘制成了电视。1925年3月25日,贝尔德首次公开展示了移动的电视图像,名为"矮胖比尔"的口技表演假人在说话和走动,此时贝尔德的系统还无法很好地显示真人的面孔。

机械电视,如贝尔德公司开发的产品,使用的是发射器和接收器上带有间隔孔的电动旋转盘。这种圆盘在每一帧图像传输过来的时候都会转一圈。贝尔德的电视圆盘有30个孔,每秒旋转12.5次。光线照射到物体上之后会反射到光电池中,光电池将光能转化为电脉冲。这些电脉冲被放大并传送到接收器,而接收器也有一个圆盘,它的转速等同于发射器的速度。圆盘后还放置了一个照射灯,它能够根据接收器发出的电信号产生光,从而形成图像。

贝尔德的系统存在一个明显的问题:由于每秒扫描的次数有限,因此图像会不断闪烁。1923年,弗拉基米尔·兹沃里金申请了全电子电视系统的专利,6年后,他说服了美国无线电公司支持他的研究。

1927年,法恩斯沃斯首次演示了电子电视系统。在美国无线电公司的支持下,兹沃里金发明了显像管,即一种阴极射线接收器。此外,法恩斯

▶兹沃里金正在展示阴极射线电视系统

沃斯进一步改进了显像管，他称之为图像分析器。1930年，兹沃里金参观了法恩斯沃斯的实验室，并观看了现场演示。一年后，兹沃里金发明了光电摄像管，它能够利用电子束追踪一个银球的光敏马赛克（镶嵌面），以产生图像信号，然后将信号传送到电视接收器。1939年，美国无线电公司首次为公众提供公共电视广播，其使用了兹沃里金发明的系统。

第九章

呼唤世界

呼唤世界

电磁学发展时间线	
1791 年	夏普兄弟发明信号塔系统。
1816 年	弗朗西斯·罗纳兹（Francis Ronalds）发明电报系统。
1837 年	威廉·库克（William Cooke）和查尔斯·惠斯通（Charles Wheatstone）获得电报系统的专利。莫尔斯展示了发送器和基于点与破折号的电码。
1861 年	约翰·赖斯（Johann Reis）基于查尔斯·鲍萨尔（Charles Bourseul）的设想发明了一种电话。
1866 年	马伦·卢米斯（Mahlon Loomis）首次展示无线电报技术。
1871 年	安东尼奥·梅乌奇（Antonio Meucci）为远距离传声筒(Teletrofono)申请专利。
1876 年	贝尔为电话申请专利。同年，伊莱沙·格雷（Elisha Gray）为自己发明的电话提交专利申请。
1894 年	爱德华·布朗利（Edouard Branly）发明粉末检波器。
1901 年	古列尔莫·马可尼（Guglielmo Marconi）广播了首个跨大西洋的无线电信号。
1906 年	雷金纳德·范信达（Reginald Fessenden）成为第一个通过无线电波传输人声和音乐的人。李·德·福雷斯特(Lee De Forest)发明三极管，用来增强无线电信号。
1919 年	埃德温·阿姆斯特朗（Edwin Armstrong）发明了超外差收音机。
1922 年	英国广播公司（BBC）成立。

电报的发明使信息可以在极短的时间内被传送到很远的地方。这是通信领域的一大进步，其重要性不亚于 500 年前印刷机的发明。

在电报出现之前，人们通过视觉通信方式将信息从发送者传送到接收者那里，其中最成功的一种系统是信号塔，由法国的克劳德·夏普（Claude Chappe）和伊格纳斯·夏普（Ignace Chappe）于 1791 年发明。这个系统由一对可转动的机械臂组成，可每分钟传输 3 个单词，机械臂的不同位置代表不同的数字和字母。两个信号塔通常间隔 5 千米到 10 千米。

1816 年，英国人罗纳兹发明电报系统。罗纳兹从前是奶酪商人，后来成为一名业余科学家。他的设备在他母亲的花园里组建成型。这套设备有两个时钟，其表盘上标有字母，由携带电脉冲的几千米长的绝缘电线连接起来。罗纳兹构想了一个由这些设备组成的网络，这个网络能连接全国各地的"电子对话办公室"。后来，罗纳兹把他的发明提供给英国海军部，但遭到了对方的拒绝，理由是他们已经采用了法国的旗语系统，而且他

▶19 世纪初，信号塔是传递信息的最佳方式

们认为拿破仑战争已经结束，电报这类发明完全没有存在的必要。

▶大约在 1812 年，罗纳兹的电报系统在他母亲的花园里组建成功

库克和惠斯通

1820 年，丹麦物理学家奥斯特发现带有电流的导线会使磁针偏转。1830 年，亨利向一根导线传输电流，激活了 1.5 千米外的电磁铁，从而使铃响了起来。英国发明家库克和惠斯通将这些发现应用于他们1837 年获得专利的电报系统。他们的设计中包括许多根针（库克和惠

▶库克和惠斯通发明的电报机

斯通认为 5 根最佳），当电流通过一组导线时，这些针就指向特定的字母和数字。库克和惠斯通的电报系统被应用于英国铁路的信号传输系统，主要用途是传输时间。在那之前，英国的每个区域都有自己的当地时间，其是根据不同的日出和日落时间来设定的。随着铁路网的快速扩张，人们需要建立一个对应标准时间系统的时刻表。电报能够准确同步不同地点的时间。1855 年，整个英国的时间都与格林尼治标准时间保持一致。

莫尔斯

在库克和惠斯通研制电报系统的同时，莫尔斯也在美国研究类似的设备。据说，1832 年，莫尔斯在一次船上谈话中谈到最近发明的电磁铁，并由此萌生了用电进行远距离通信的想法。由于对电知之甚少，莫尔斯向纽约城市大学的同事伦纳德·盖尔（Leonard Gale）寻求帮助，盖尔对亨利的研究很熟悉。盖尔的帮助对莫尔斯电报系统的发展至关重要，他告诉莫尔斯如何增强信号强度，

▶1844 年 5 月 24 日，莫尔斯发送第一封电报

以及怎样使用亨利发明的中继系统。

莫尔斯的电报无法传输声音及文字信息。为此，他在助手艾尔弗雷德·韦尔（Alfred Vail）的帮助下，发明了一种电码，这种电码将字符表示为一系列短脉冲（点）和长脉冲（破折号）。1837 年,莫尔斯首次面向公众展示他的发送器，它由一个带有长短金属条的盘子组成，这些金属条分别代表莫尔斯电码的点和破折号。报务员将一个与电池相连的指针滑动到条形图上，然后相应的点和破折号就会被传送出去。位于接收器一侧的机械臂末端有一个由电磁铁激活的触控笔。触控笔会在纸带上留下凹痕，纸带会因发条马达的带动而缠绕起来，报务员就可以读取上面的内容了。

电话线路

电话的发明要归功于出生于苏格兰的科学家、工程师贝尔。1875 年，他发明的"声波电报"在美国获得专利。19 世纪 70 年代，贝尔正在寻找改进电报的方法。时至今日，人们仍对开创新方法的人究竟是不是贝尔一事持不同意见。

1854 年，法国科学家鲍萨尔指出，靠近隔膜说话会引起隔膜振动，利用这种振动可以生成或切断电路，就像用电报发送信号一样，而线路另一端

▶梅乌奇认为，如果能够为自己的远距离传声筒申请专利，那么这项发明就会早于贝尔

的接收膜片会逆转这个过程，将信号重新转换成语音。不过，鲍萨尔没能把自己的想法付诸实践，这个设想被别人据为己有了。1861 年，德国物理学家兼教师赖斯展示了一种以鲍萨尔的设想为基础的电话。赖斯设计的发射器由一个带有金属条的薄膜组成，金属条与连接电路的金属点接触。声波会引起薄膜振动，这意味着电路将与声波一样以相同的频率连接和断开。电流通过电线传输到接收器上，然后通过电磁铁使音箱中的铁针振动。虽然赖斯的系统可以传输简单的音调，但它不能再现清晰且可被识别的语言。由于赖斯的健康状况不佳，并且他缺乏相应的资源，他没能为电话的原型机申请专利，也未能进一步展开研究。

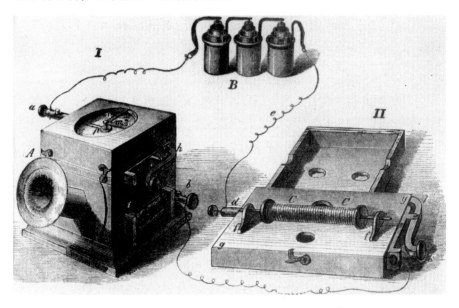

▶赖斯于 1861 年设计的电话

1871 年，梅乌奇为他设计的远距离传声筒提交了一份需要每年更新的专利说明，这是一种最终获得专利权之前的意向申请。这个专利基于他安装在地下实验室和二楼卧室之间的一套通信设备，他的妻子卧病在床，通过这种方式他们就可以保持联系。然而，和赖斯一样，梅乌奇也被疾病及种种客观条件所阻碍，研究止步不前。他负担不起将他的专利说明转化为最终专利的费用，更无法支付那笔需要每年缴费以防止他的专利说明过期的续期费用。2001 年，美国国会通过了一项决议，该项决议指出："如果梅乌奇能够支付 1874 年以来每年 10 美元的费用来维持专利说明，那么贝尔就不能获得这项专利。"

当时，贝尔正在研发一种新设备。这种设备可以把声音转换成看得见的模式，让失聪的人"看到"话语。在研究这个后来被称为"音乐电报"或"谐波电报"的装置时，贝尔意识到用波动电流的波沿电报线路传送声音要比用莫尔斯电码传送信息更方便。如果不同的信号使用不同的音高，多个信号就可以沿同一条线路传输，因此这种系统的效率更高。

1875 年 6 月 3 日，贝尔在研究谐波电报的原型时，无意听到他的助手托马斯·沃森（Thomas Watson）拨弄发送装置上的金属簧片的声音。经过进一步实验，贝尔于 1876 年 2 月 14 日申请了一项"改进电报技术"的专利，他的专利申请中没有提及语言传输。仅仅在几个小时后，发明家格雷也向美国专利局提交了一份与贝尔的设备类似的专利申请。

格雷在专利说明中指出，这个设备的主要作用是通过电报电路传输人声，并在线路的接收端复制这些声音，这样即使两个人相隔很远，也可以实现对话。从任何角度来看，贝尔的原型机并不具备可以投入使用的电话系统。贝尔的早期设备作为接收器来讲效果很好，但在作为发射器时却不太好用。格雷的建议如下：将一个可移动的膜连接到浸泡在酸性溶液中的杆子上，并将第二根杆子也浸入溶液。当声波引起薄膜振动时，附在薄膜上的杆子就会相对于另一根杆子移动，两者之间的距离变化会引起电流的变化，而这种可变电阻发射器能够放大它所传输的声音，因此人们可以在发射器和接收器之间使用更长的电缆。

然而，格雷也没有造出可以正常使用的原型机，当时的美国专利制度没有相应的要求。1876年3月7日，由于贝尔提交专利申请的时间比格雷稍早一些，因此他的申请最终获批。格雷从未宣称自己是电话的唯一发明者——他认为电话是自己与贝尔同时发明的。贝尔的液体发射器与格雷的设计非常相似。事实上，正是这项设计使得贝尔在1876年3月10日向他的助手发送那条著名的信息——"沃森先生，请过来一趟，我想见你"，这被认为是有史以来的第一次电话传输。同年10月，贝尔

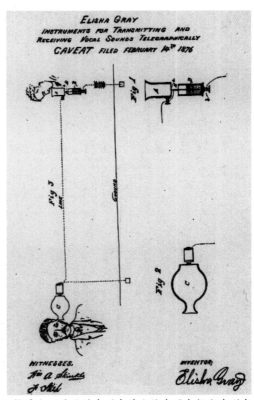

▶格雷电话系统的专利申请文件在贝尔提交专利申请后的几个小时内就送到了专利局

将测试范围扩展为5千米。次年，第一条可正常运行的电话线被安装在波士顿，连接查尔斯·威廉姆斯的工厂及贝尔位于工厂8千米以外的家。

第一代电话发射器的性能很差，这也是其他发明家力图解决的问题。爱迪生就是其中之一，他设计了一种声音发射器，电流通过两个电极之间充满碳颗粒的腔体，一个薄薄的铁隔膜连接在其中一个电极上，当声波击中它时，它就会开始振动。当碳颗粒被交替压缩和释放时，它会引起电阻的波动，并将由此产生的电流变化传递给接收器。爱迪生发明的碳发射器

效果很好，它成为接下来的几百年里设计标准电话发射器的基础。

打开收音机

英国物理学家詹姆斯·麦克斯韦（James Maxwell）被公认为是世界上最伟大的科学家之一。在 1861 年至 1862 年，麦克斯韦只用了四个简短的方程式，就成功地描述了那个时代的研究人员所观察和记录到的所有电和磁的现象。这些方程阐述了与电荷和电流相关的电场和磁场，以及这些电场是如何随时间变化的。他推测，电磁波应该有一个完整的范围或频谱，而他的这个预测被证明是准确的。1886 年，在麦克斯韦去世后，德国物理学家海因里希·赫兹（Heinrich Hertz）使用一种叫作火花线圈的装置，通过探测无线电波的方式验证了麦克斯韦定律。无线电波与光在本质上是相似的，但波长却比光长 100 万倍。"麦克斯韦大师说得对"，赫兹说，但赫兹的实验得出的结论是，其他波的存在无论如何都是无用的。

▶1892 年 10 月 18 日，贝尔在纽约和芝加哥之间开通了一条电话线

　　事实上，在赫兹发现无线电报的 20 年前，美国牙医卢米斯就已经展示了他所谓的"无线电报"。卢米斯用了两个装有金属丝的风筝，这两个风筝之间的距离足有数千米之远。他发现，在一个风筝上释放从大气中获得的自然静电来产生火花，就会引起可测量的电干扰，这一变化可以通过连接在第二个风筝上的仪表检测到。利用这种技术，卢米斯将信号发送到 20 千米外。在 1872 年的专利中，他提道："震动或脉动，它穿越或干扰了上方和两个给定点之间的大气正电体……"然而，卢米斯最终未能说服美国国会拨款 5 万美元来资助他继续进行研究。

　　无线电的原理很简单。正如法拉第在 19 世纪 30 年代所证明的，电子通过导线会产生磁场。让第二根导线靠近第一根导线，电子也会开始在第二根导线中移动。由第一根导线，即发射器形成的磁场产生电场，电场反过来又会产生新的磁场，以此类推，以光速向外传播。当第二根导线，即接收器接收到这个信号时，电磁场又被转换回电子的运动，并被检测为电流。无线电波是由交流电引起电子在发射器内振荡而产生的，它所产生的频率与交流电的频率相同。无线电波从发射器传输到接收器，在接收器里引起电子振荡，产生与原始电流频率相同的交流电。

　　1894 年，法国发明家布朗利发明粉末检波器。他发现，当金属碎屑聚集在一起的时候，其周围会产生放电现象，而玻璃管的电阻会降低。然后，这些金属碎屑可以通过敲击玻璃管来"散屑"，从而使检波器恢复常态。经实验，他发明的粉末检波器确实可以有效检测火花发射器的传输信号。

　　同年，20 岁的马可尼开始了他的实验。马可尼使用火花线圈作为发射器，然后将粉末检波器作为接收器，把信号发送到越来越远的地方。在马可尼确定检波器的设计稿之前，他曾尝试将数百种不同大小的金属碎屑组合起来并夹在不同形状的金属插头间。1896 年 12 月，他首次公开展示了检波器的作用，并于 1899 年完成了第一次国际无线传输。在这次传输中，他将一个信号从英国某电台发送到法国的一个频道，信号横跨了英吉利海峡。

1901 年 12 月 12 日，他成功地把信号从英格兰康沃尔发送到大西洋彼岸的加拿大纽芬兰，这可以说是他最伟大的成就。然而，批评者们认为，由于地球的曲率，无线电信号无法被传输到如此遥远的地方。事实证明，他们是对的。如果信号没有被电离层反射，它就会飞向太空。1902 年，美国工程师亚瑟·肯内利（Arthur Kennelly）和英国物理学家奥利弗·亥维赛（Oliver Heaviside）提出大气层中有一个导电区域的猜想，并以此来解释环绕地球表面曲线的无线电信号传输原理。直到 1924 年，爱德华·阿普尔顿（Edward Appleton）才找到确凿的证据。

▶1901 年，马可尼和他的无线电设备

加拿大发明家范信达在美国气象局工作期间曾尝试过语音传输，他希望找到一种用于传输天气报告的方法。1902 年，范信达成为第一个使用无线电波传输人声和音乐的人。在 1906 年的平安夜，他从马萨诸塞州发出的广播，远在西印度群岛的人都能听到。对早期无线电设备最感兴趣的是海军和航运公司，有了无线电，他们的船只在航行过程中就可以互相联络。

▶1906 年，范信达将发射器应用于广播

伦敦大学学院的约翰·弗莱明（John Fleming）教授是马可尼的科学顾问，他意识到无线电接收器中的探测器是技术中的薄弱环节。他当时正在研究爱迪生效应——灯丝和电极之间的电子流动——他想知道利用这个效应是否可以检测无线电信号。1904年，他在实验中发明了二极管阀门。它由一个真空玻璃灯泡中的加热元件和一个未加热元件组成，电流从加热的阴极流向第二个元件，即阳极。弗莱明发现，这可以用来增强原本微弱的无线电信号。1906年，美国发明家福雷斯特提出了新的设想，他在加热的阴极和阳极之间放置了一个开放式网格以控制电子流。福雷斯特将自己的发明称为三极管。有了它，他就可以放大射频信号，从而增强探测能力，接收到更加微弱的信号。福雷斯特对广播进行了实验，他在纽约哥伦比亚留声机大楼安装了发射器，并每天用留声机播放音乐。

▶阿姆斯特朗发明的超外差收音机大大提高了无线电信号的接收质量

　　1917 年，美国已有 13000 多名业余无线电爱好者。许多人认为，听收音机将成为一种时尚。1919 年，阿姆斯特朗发明了超外差收音机，这是让收音机走向大众的重大突破之一。超外差收音机更容易接收到信号，并使扬声器取代耳机的设想成为可能。1922 年 10 月，一些无线电制造商联合成立了英国广播公司。在美国，国家广播公司（NBC）于 1926 年开始定期广播，而哥伦比亚广播公司（CBS）在 1927 年紧随其后。

第十章

运输技术

运输技术

运输技术发展时间线	
1783 年	蒙哥尔费兄弟进行第一次热气球试飞。
1804 年	理查德·特里维希克（Richard Trevithick）发明第一辆用于铁路的蒸汽机车。
1825 年	乔治·斯蒂芬森（George Stephenson）建造"旅行号"火车，这是世界上第一辆客运蒸汽火车。
1830 年	首个铁路客运服务在利物浦和曼彻斯特铁路之间开通。
1837 年	罗伯特·戴维森（Robert Davidson）建造第一辆电池动力机车。
1852 年	亨利·吉法德（Henri Giffard）首次乘坐飞艇旅行。
1853 年	乔治·凯利（George Cayley）首次驾驶滑翔机持续进行载人飞行。
1860 年	艾蒂安·勒努瓦（Etienne Lenoir）发明第一台内燃机。
1876 年	尼古拉斯·奥托（Nicholas Otto）制造出第一个四冲程内燃机。
1879 年	维尔纳·冯·西门子（Werner von Siemens）在柏林成功运行第一辆电动客运列车。
1884 年	托马斯·帕克（Thomas Parker）制造第一辆实用的电动汽车。
1889 年	戈特利布·戴姆勒（Gottlieb Daimler）和威廉·迈巴赫（Wilhelm Maybach）在巴黎世界博览会上展示他们的齿轮传动轿车。
1894 年	第一辆量产汽车——奔驰 Velo 诞生。

续表

1903 年	莱特兄弟第一次成功地用飞行器进行了一次持续飞行。
1908 年	福特 T 型车发布。
1913 年	亨利·福特 (Henry Ford) 的工厂安装第一条输送带装配线。
1933 年	柴电混合火车首次在德国运行。
1936 年	人们进行第一次直升机飞行。
1953 年	埃里克·莱斯维特（Eric Lathwaite）发明磁悬浮技术。
1955 年	燃油喷射技术应用于汽车发动机中。
1956 年	一艘第二次世界大战时期的油轮被改装成"理想 X 号"，成为世界上第一艘集装箱船。
1984 年	伯明翰开通首辆商业磁悬浮列车。
1991 年	锂离子电池进入市场。
2006 年	上海高速磁悬浮列车正式投入商业运营。
2008 年	特斯拉推出首款电动汽车。

运输技术使远距离运输成为可能。最早的机械化运输方式是工业革命时期的蒸汽铁路。在此之前的几千年里，人们只能依靠动物、风力或体力从一个地方到达另一个地方。内燃机的发明使得人们的生活完全变了模样，而动力飞机的出现则使世界变得更小。

追赶火车

铁路的前身是马车道，这是一种 16 世纪时在德国首次使用的木制轨道，人们可以把满载矿石的马车从矿井中沿着轨道拖出来。在后来的几个世纪里，木制轨道被铁和钢取代。铁路发展的一个重要进步是凸缘轮毂的出现，它有助于防止车轮脱离轨道，其于 17 世纪早期被发明出来。

特里维希克在威尔士的潘尼达伦钢铁厂当工程师时，他就有了给蒸汽机装上轨道的想法。1804 年 2 月 21 日，第一辆蒸汽机车牵引着 10 吨铁和 70 个人沿着铁轨行驶了 16 千米。紧接着，特里维希克又组装了两个火车头，但当引擎的重量超过易碎的铸铁铁轨的承受能力时，他放弃了这个项目。1820 年，约翰·伯肯肖（John Birkenshaw）发明了一种能够制造出更坚固锻铁的工艺，铺设更长且更耐用的铁路轨道真正成为可能。此后，铁路开始了快速发展。

1814 年，斯蒂芬森担任约克郡基林沃斯煤矿的首席机械师。他组装了一种火车头，其能够以快走的速度运送 30 吨煤。不过，他很快就找到了大幅提高发动机牵引力的方法。他优化了铁轨，这种铁轨采用铸铁边轨，以减少重型机车造成的损坏。他设定的铁轨间距为 1.435 米，至今，这仍然是世界上大多数铁路的标准轨距。

斯蒂芬森从一位计划修建马拉铁路的商人那里订购了一辆蒸汽机车。1825 年，世界上第一辆客运蒸汽火车"旅行号"诞生，载客 450 人，以令人振奋的每小时 24 千米的速度，从达灵顿向斯托克顿行驶 40 千米。到了 1830 年，斯蒂芬森发明的新型火车"火箭号"首次在利物浦和曼彻斯特铁路上提供定期的客运服务，它的速度比"旅行号"快了将近一倍。

第一代蒸汽机的主要能源通常是煤，通过烧煤来为水加热，从而产生蒸汽，驱动蒸汽机。火箱中伸出的金属管携带的热量使锅炉中的水沸腾。"火箭号"是最早使用多管加热锅炉的机车之一，这种设计比以前用水包围单管的方式更有效。更为重要的是，锅炉必须足够坚固才行，因为它需要承受高压蒸汽。如果压力过高，锅炉可能会爆炸，这将引发灾难性的后果。

1856 年，约翰·拉姆斯博顿（John Ramsbottom）发明了一种弹簧式压力释放安全阀，后来这种安全阀被普遍应用于机车的设计中。

▶蒸汽机车的早期发展进程

　　到了 1850 年，横跨英国的铁轨已有近 1 万千米，这与 20 年前开通的仅有 56 千米长的利物浦—曼彻斯特线路相比是一项了不起的成就。平底的现代铁轨横截面形状类似倒置的 T 形，是英国工程师查尔斯·维诺（Charles Vignoles）在 19 世纪 30 年代设计的。铁路建设中最重要的进展之一是，将标准的 30 米铁轨焊接成 290 米至 400 米的长铁轨。铺设之后，这些较长的铁轨便可以焊接在一起，连接成数千米长的连续铁轨。用这种方式铺设而成的轨道更平滑，也更容易维护。1833 年，焊接铁路在美国首次试用，如今世界主要的铁路网络中依旧使用这种方式。

▶利物浦—曼彻斯特铁路上的火车

柴油和电力机车

随着第一辆柴油动力机车的出现，铁路产生了重大变化。20 世纪初，柴油机车开始发展，但由于第一次世界大战的爆发而暂停了一段时间。自 20 世纪 20 年代起，一些国家开始研制柴油原型机。到了 20 世纪 40 年代，人们研制出的柴油机车已经可以匹敌蒸汽机车。"汉堡飞人"（Fliegender Hamburger）是一种流线型柴电混合火车，于 1933 年在德国首次运行。"汉堡飞人"装有两个 400 马力的发动机，在柏林和汉堡之间运行的平均速度可达每小时 124 千米。到了 1939 年，德国主要城市的车站之间都设有平均时速为 134 千米的柴油电力列车，作为交通工具。

柴油发动机主要用于驱动发电机，而发电机产生的电流则用来驱动电动机，由此可以驱动机车。直接由柴油发动机提供动力的柴油机械机车主要用于低速分流工作，而不是用于货运或客运服务。

比起蒸汽机车，柴油机车有许多优点。它更可靠，可以在不需要维修的情况下运行更长的时间。柴油机车的效率是蒸汽机车的 4 倍，其需要的燃料比蒸汽机车少得多，运行成本也更低廉。此外，蒸汽机车具有更快、更平稳的加速度，因此可以保持更高的行驶速度，减少对轨道的磨损。由于运行成本更低，它们很快就取代了蒸汽机车。20 世纪 60 年代，柴油机车几乎完全取代了蒸汽机车。

▶ "汉堡飞人"载客往返于柏林和汉堡之间，时速超过 120 千米

电力驱动机车几乎和蒸汽驱动机车一样古老。1837 年，阿伯丁人戴维森建造第一辆电池动力机车。几年后，他又建造了一辆更大的电动机车。这款名为 "Galvani" 的电动机车通过电磁铁拉动固定在车轴上的铁条行进，它能以略高于步行的速度拖动 6 吨的货物。

1879 年，西门子在柏林的一个展览上成功地试运行了第一辆电动客运列车，其由轨道之间的绝缘 "第三轨" 提供动力。实际上，这列火车并没有去往任何地方，仅仅在 300 米长的环形轨道上搭载乘客，用于展览。尽管如此，在运营的 4 个月里，仍然有 9 万人排队，等待体验这种列车。1881 年，柏林附近的有轨电车开通了第一个公共电力铁路服务，运营商为西门子公司。很快，许多公司纷纷效仿这一做法。1883 年，第一个在标准轨距

▶1881 年在柏林运行的西门子有轨电车

轨道上运行的电力机车在纽约州运行。1903 年，德国的两辆实验电动火车以前所未闻的速度行驶，速度达到每小时 200 千米。当时并没有适合高速运行的列车轨道，这阻碍了火车的发展。

电力机车使地下地铁变为城市快速交通系统的设想更具可行性。第一个铁路系统是伦敦大都会铁路，于 1863 年正式开通。这条铁路的一部分使用在地下运行的蒸汽机车，据说穿过隧道的经历让人不太愉快。1890 年，第一个完全由地下电力驱动的快速运输铁路在英国伦敦正式开通，如今它已成为伦敦地铁系统的一部分。

磁力悬浮机车

1953 年，英国发明家莱斯维特率先发明磁悬浮技术。他为线性感应电机申请专利，该电机能够产生推动物体的磁场。线性感应电机设有一个常规电机，由一个固定磁铁环（定子）和一组中心旋转磁铁（转子）组成。定子以长条的形状摆放，而转子被放置在车辆底部，以让车辆呈直线运动。几年之后，莱斯维特制作了世界上第一辆磁悬浮列车的原型，被称为"履带式气垫船"，这是一种由磁力推动的高速无轮车辆，但该项目在 1973 年被英国政府叫停了。

1967 年，美国布鲁克海文国家实验室的两位物理学家戈登·丹比（Gordon Danby）和詹姆斯·鲍威尔（James Powell）获得了第一项磁悬浮专利。他们使用超导电磁铁产生悬浮力，从而使火车悬浮于地面之上，并使用喷气机、螺旋桨来获得推力。

　　1984 年，世界上第一辆商业磁悬浮列车在英国伯明翰开通。它以每小时 42 千米的速度行驶了 600 米，但这辆列车在 1995 年因安全隐患和设计问题停运。磁悬浮列车实际上是无摩擦的，理论上可以达到极高的速度。2015 年，日本的一辆试验磁悬浮列车的速度超过每小时 600 千米。当今世界上最快的高铁之一是上海 2006 年开始运营的磁悬浮列车，它的最高运行速度为每小时 430 千米，平均速度为每小时 251 千米。龙阳路站到上海浦东国际机场的距离约为 30 千米，乘坐磁悬浮列车只需不到 8 分钟便可抵达。

▶1984 年至 1995 年在伯明翰运行的磁悬浮列车

▶上海的磁悬浮列车在 30 千米的旅程中平均速度超过 250 千米

内燃机

内燃机的发明对社会和环境产生了深远的影响。毫无疑问，它是驱动 20 世纪的"发动机"。

内燃机是工程师们在寻找蒸汽动力替代品的过程中发明出来的。蒸汽机的燃料在发动机外部燃烧，燃烧时产生的热量直接进入气缸做功。不同于蒸汽机，内燃机的动能产生于发动机内部。内燃机需要一种最适合它的燃料，使它可以在封闭的空间内点火，并为一个快速且重复的动作提供动力，就像蒸汽机驱动活塞一样。

1860 年，比利时工程师勒努瓦发明了第一台内燃机。他的燃气发动机、二冲程发动机及单缸发动机的设计与蒸汽机类似，但他使用煤气来取代蒸汽。电火花点燃煤气和空气的可燃混合物，可以推动气缸往复转动。勒努瓦的内燃机为一辆叫作"河马"的汽车提供动力。1863 年，它在 3 小时内完成 17.7 千米的试行驶。

▶勒努瓦的"河马"在三小时试驾中平均速度接近每小时 6 千米

奥托发现了这种新型引擎的潜力，他认为自己可以改进它的性能。1861 年，他委托建造了一个勒努瓦内燃机的复制品，他认为如果用酒精代替汽油作燃料，内燃机的性能会更好。第二年，他开始试验四冲程内燃机，其原理已经被法国工程师阿方斯·罗查斯（Alphonse Rochas）独立验证并申请专利。奥托希望能最大限度地压缩空气和气体的混合物，并尽可能减少气体在混合物中的比例，从而提高内燃机的效率。

虽然奥托的实验经常以失败告终，但他并没有轻言放弃。1876 年，他制造出第一个功能强大的四冲程内燃机。四冲程内燃机所采用的进气、压缩、燃烧和排气的工作原理，至今仍然适用。在第一个冲程中，活塞向下运动，通过一个阀门并将空气和燃料吸入气缸；在第二个冲程中，活塞向上运动，压缩混合物并提高其温度；在第三个冲程中，混合物在最大限度压缩时被点燃，由此产生的压力推动活塞迅速下降；在第四个冲程中，活塞将再次迅速上升，再次通过阀门并将燃烧的气体排出气缸。

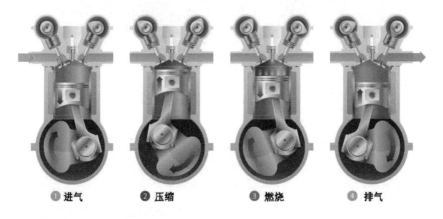

❶ 进气　　❷ 压缩　　❸ 燃烧　　❹ 排气

▶今天的内燃机仍采用奥托的四冲程内燃机设计

　　戴姆勒和迈巴赫为新引擎的大规模生产做好了准备，1872 年以来他们一直受雇于奥托的道依茨公司的工厂。奥托的发动机卖得很好，但这种发动机有些重。戴姆勒和迈巴赫成立了一个试验车间，研发适合汽车使用的小型且能快速运转的内燃机。1885 年，戴姆勒和迈巴赫制造出名为"Reitwagen"的摩托车。该摩托车使用立式气缸发动机，并通过化油器注入汽油，它被认为是现代发动机的原型。第二年，他们在车厢内安装了一个引擎，制造出第一辆四轮汽车。在 1889 年的巴黎世界博览会上，他们推出第一辆完全自行推进的齿轮传动轿车，这是一台 1.5 马力的四轮车。戴姆勒发明了一种 V 型倾斜双缸四冲程发动机，这种发动机配有蘑菇形气门，成为汽车发动机的标准设计。11 年后，戴姆勒和迈巴赫为奥地利商人埃米尔·耶利内克（Emil Jellinek）研发了一辆汽车。在 35 马力发动机的驱动下，这辆车的最快速度接近每小时 90 千米，并以耶利内克女儿的名字梅赛德斯命名。

▶名为"Reitwagen"的摩托车，由戴姆勒和迈巴赫于1885年制造

▶梅赛德斯·耶利内克乘坐以她的名字命名的汽车

　　1885年，也就是戴姆勒和迈巴赫制造摩托车那年，卡尔·本茨（Karl Benz）设计并制造出世界上第一辆由内燃机驱动的实用汽车，他是奔驰公

司的创始人之一。基于奥托的四冲程设计，奔驰汽车的发动机分为电点火、差动齿轮和水冷三种。在本茨的汽车获得专利后，奔驰汽车开始通过巴黎自行车制造商埃米尔·罗杰（Emile Roger）公开销售，这是史上第一款商用汽车。

　　机械师勒内·潘哈德（Rene Panhard）和埃米尔·勒瓦索（Emile Levassor）成为汽车制造商。1890年，他们用戴姆勒发动机制造出一辆汽车。勒瓦索是第一个把发动机放在汽车前面，并使用后轮驱动系统的设计师。这种系统被称为潘哈德系统，它能够提供更好的平衡性和转向能力，因此迅速成为所有汽车的标准。潘哈德和勒瓦索制造的是真正的汽车，而不仅仅是增加了发动机的车厢。潘哈德和勒瓦索被认为是现代变速器的发明者，组装于1895年的潘哈德汽车使用了这种变速器。

▶1886年奔驰汽车的引擎

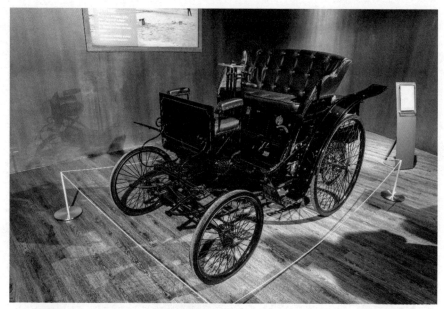

▶1894 年的奔驰 Velo——第一辆量产汽车

　　早期的汽车是一种昂贵的奢侈品，很少有人能负担得起。并且，当时的车辆都是定制的，因此每辆车都与众不同。第一辆量产汽车是 1894 年的奔驰 Velo。1895 年，共生产了 134 辆相同型号的汽车。美国第一辆大规模生产的汽车为敞篷汽车，由兰塞姆·奥尔兹（Ransome Olds）于 1901年制造。奥尔兹提出了装配线的基本概念，并于 1899 年在底特律创办了奥尔兹汽车厂，以生产低价汽车为主要目标。1902 年，敞篷汽车成为美国年度畅销汽车，共售出 2750 辆。

　　1913 年，美国汽车制造商福特在位于密歇根州高地公园的工厂安装了第一条传送带装配线。1908 年，这条生产线上的工人成功组装一辆 T 型车只需约一个半小时。通过减少汽车的组装时间，福特大幅降低了汽车生产成本。到了 1927 年，在 T 型车停产时，约有 1500 万辆车经过这种装配线组装出厂。

20 世纪 20 年代到 20 世纪 30 年代，汽车领域出现了诸多进步。在这期间，四轮液压制动器出现了，并在 1936 年得到普遍应用；独立前悬架和带有同步齿轮传动的变速器使驾驶过程更加舒适；暖气和收音机等配件为人们带来更好的驾驶体验。

▶福特生产线上的工人组装一辆 T 型车大约耗时一个半小时

燃油喷射技术源自第二次世界大战中发展起来的飞机技术，1955 年被应用于汽车发动机上。首款量产车型是梅赛德斯-奔驰 300SLR，其打破了赛车纪录。在燃油喷射技术的帮助下，发动机能更平稳和高效地运行，而且不必再调整节流阀。

▶梅赛德斯–奔驰 300SLR 是第一辆采用燃油喷射发动机的量产汽车

集装箱

1937 年，北卡罗来纳州的卡车司机马尔康·马克林（Malcom Mclean）看着他卡车上的货物被装卸到船上，他心想："如果整个卡车都能被装载上船，那不是很棒吗？"1956 年 4 月 26 日，当改装自第二次世界大战的油轮"理想 X 号"从纽瓦克港首次航行到休斯顿时，马克林的愿望实现了。这艘船的加固甲板上放有 58 个金属货物集装箱。6 天后，当轮船靠岸时，马克林就接到了将货物运回的订单。

　　基思·坦特林格（Keith Tantlinger）对集装箱的发展做出了重要贡献，他受雇于马克林，并设计了一种名为扭锁的精巧装置。扭锁可以被放入一个容器的角落，并且能够快速地解锁和移除。吊车司机只需简单操作，就可以抓住并解锁集装箱，提起它，然后在恰当位置松开，这大大加快了装卸速度。马克林允许航运业使用他的专利，这样每个国家的集装箱都能使用相同的配件，再加上商定的标准集装箱尺寸（宽 2.43 米，高 2.59 米，长 6.06 米或 12.2 米），就能够确保任何集装箱都可以装在船舶上，并且能够由港口的起重机装卸。

▶1937 年，卡车司机马克林设想中的集装箱

电动汽车

大约在 1832 年到 1839 年（确切日期不详），苏格兰发明家罗伯特·安德森（Robert Anderson）制造出一辆由电池驱动的电动车，但这种电池无法循环充电，所以不太实用。1859 年，法国物理学家加斯顿·普兰特（Gaston Planté）发明了可充电铅酸电池，电动汽车的设计变得更具可行性。1884 年，帕克制造出第一辆实用的电动汽车，使伦敦地铁实现电气化。

20 世纪初，美国大约有 40% 的汽车是由蒸汽驱动的，22% 是由汽油驱动的，38% 是由电池驱动的。在纽约和巴黎的街道上，电动出租车的车队随处可见。当时许多著名的汽车制造商都在研发电动汽车。费迪南德·保时捷（Ferdinand Porsche）于 1898 年生产了保时捷 P1，并制造出世界上第一辆电力和内燃机混合动力汽车。梅赛德斯-奔驰在 1906 年生产了梅赛德斯 Mixte 混合动力车，其成为极受欢迎的城市出租车。

与汽油驱动的汽车相比，电动汽车有许多优势。电动汽车不会产生很明显的振动、气味或噪声，而且不需要换挡。电动汽车在那些续航不成问题的城市很受欢迎，其还有一个优点，即容易启动，不需要像汽油车那样在启动手柄上使劲转动。

与电动汽车相比，汽油驱动的汽车的主要优点是速度快，能行驶更远。电动汽车面临的主要障碍是缺乏实用的可充电电池。爱迪生发明了一种电池，可供行驶 150 千米，但它造价昂贵且容易损坏。20 世纪 20 年代，福特工厂投入量产且价格适中的 T 型车问世了，由于汽油价格低于电池充电成本，极大地阻碍了电动汽车的发展。在 20 世纪的大部分时间里，除了牛奶车和高尔夫球车，几乎没有人使用电动汽车。

▶1897 年，伦敦街头的一辆电动出租车

　　1991 年，由约翰·古迪纳夫（John Goodenough）、斯坦利·惠廷厄姆（Stanley Whittingham）和吉野彰（Akira Yoshino）研发的锂离子电池上市。锂离子电池的问世重新激起人们对电动汽车的兴趣，因为它大大延长了电动汽车的行驶时间。此外，人们越来越关注消耗化石燃料的内燃机对气候的影响，这同样推动了电动汽车的发展。2008 年，特斯拉汽车公司推出首款电动汽车，名为 Roadster。Roadster 每充电一次可行驶 320 千米。2020 年春天，特斯拉公司生产出第 100 万辆电动汽车。

▶生产于 2008 年的特斯拉跑车

热气球飞行

在天空中飞翔的梦想自古就有。15 世纪,列奥纳多·达·芬奇(Leonardo da Vinci)对飞行开展真正的研究。他曾构想了许多精巧的装置,比如原型直升机——扑翼机(Ornithopter),但他并没有制成飞机。

1783 年 10 月 15 日,蒙哥尔费兄弟完成了一项了不起的壮举,他们放飞了一个被热空气送上高空的热气球。化学和物理老师罗齐埃乘坐热气球在高空停留了将近 4 分钟,成为第一个体验空中飞行的人。大约一个月后,在法国军官达兰德斯侯爵的陪同下,罗齐埃乘坐热气球进行自由升空。两人花费了长达 25 分钟的时间从巴黎市中心飞到了郊区,全程约 9 千米。

1852 年 9 月 24 日，法国工程师吉法德驾驶他的飞艇航行 27 千米，从巴黎飞到特拉普镇。这艘长 44 米的充满氢气的飞船，由三叶螺旋桨驱动，其中有一个 2.2 千瓦的蒸汽机为螺旋桨提供动力。此外，它由帆控制方向，速度可达每小时 10 千米。这是有史以来第一艘可载人、有动力又易操纵的飞艇，尽管它只有在风平浪静时才能安全飞行。

▶第一次气球飞行吸引了大批观众

滑翔机飞行

1804 年，英国发明家凯利成功驾驶第一架无人滑翔机。在过去的 50 年间，他不断改进自己的设计，通过改变机翼的形状以改善空气流动情况，增加尾翼以提高稳定性，改良双翼设计以增加强度。1853 年，凯利首次驾驶滑翔机持续进行载人飞行。凯利意识到，固定翼飞机是采用动力推进系统、尾翼辅助装置进行转向的，这是长时间在空中飞行的最佳方式。在 1891 年至 1896 年，德国航空先驱奥托·李林塔尔（Otto Lilienthal）成功制造并试飞了多种滑翔机。莱特兄弟受到李林塔尔的启发，采用他的方法进行滑翔机实验，并以他的空气动力学数据为基础进行研究。

▶1895 年，奥托进行了一次大胆的滑翔机试飞

1890 年 10 月 9 日，法国发明家克莱门特·阿德（Clémont Ader）推出一种由蒸汽推进的无尾单翼机 Éole，其上升高度为 50 米。这是史上第一架有驱动力的飞机，并且它还能够载人升空。不过，这架飞机既不能持续飞行，飞行员也无法操控飞行过程，所以飞行体验较差。因此，阿德成功试飞的结论备受争议。

莱特兄弟

奥维尔·莱特（Orville Wright）和威尔伯·莱特（Wilbur Wright）耗费三年时间，在北卡罗来纳州的基蒂霍克试验不同的滑翔机。他们选择基蒂霍克是因为那里有沙丘，即使坠机，他们也可以软着陆，以保证自身安全。莱特兄弟设计了一个风洞，它能够在实际飞行前测试机翼和尾部形状的变化。1902 年，在数百次滑翔飞行成功之后，他们设计出了自认完美的机身，于是着手研究飞机的推进系统。他们选用的第一个发动机是由机械师查尔斯·泰勒（Charles Taylor）设计的，它的输出功率约为 9 千瓦，与几台割草机的功率差不多。发动机的曲轴箱由铝制成，这种轻金属首次用于制造飞机。

1903 年 12 月 17 日，奥维尔登上"飞行者一号"，在大风中飞向基蒂霍克附近的"斩魔丘"。这架双翼飞机的翼展为 12.3 米，长 6.4 米，飞机连同飞行员约为 341 千克。第一次飞行只持续了 12 秒，飞行距离不到 40 米。但当天晚些时候，威尔伯在空中停留了 59 秒，共飞行 260 米。这是第一次在比空气重的飞行器上持续进行且有驱动力的飞行。莱特兄弟发现"飞行者一号"很难掌控，于是开始着手完善飞机的设计。1905 年 10 月 5 日，威尔伯乘坐"飞行者三号"在空中飞行约 39 分钟，直至燃料耗尽才停下。

莱特兄弟的成功为新一代飞行员提供了灵感。1909 年，路易·布雷里奥（Louis Bleriot）等人开始试飞新型单翼飞机，并在那一年首次飞越英吉利海峡。几年后，在第一次世界大战期间，飞行员甚至能够在欧洲上空互相射击。

▶1903 年 12 月 17 日，莱特兄弟的飞行被载入史册

直升机飞行

世界上第一次直升机飞行发生在 1907 年，法国人保罗·科尔尼成功地驾驶他的双旋翼飞机飞离地面 20 秒，但他没能让飞机完好降落。1909 年，伊戈尔·西科斯基（Igor Sikorsky）制造了两架直升机，但它们难以支撑自身的重量。第一架实用的直升机是 FW61，它在 1936 年首次试飞。当人们意识到改变旋翼叶片的角度比改变旋转速度能更有效地稳定直升机时，他们在让飞机平稳飞行方面取得了重大进展。需要解决的主要问题之一是，

直升机机身总会向着旋翼相反的方向旋转。1939 年，西科斯基在主旋翼之外增加了一个较小的尾桨。这让直升机更加稳定，同时也起到方向舵的作用，人们便能够更好地控制飞行方向。

▶ 西科斯基在第一架大规模生产的直升机 R4 门口

第十一章

原子时代

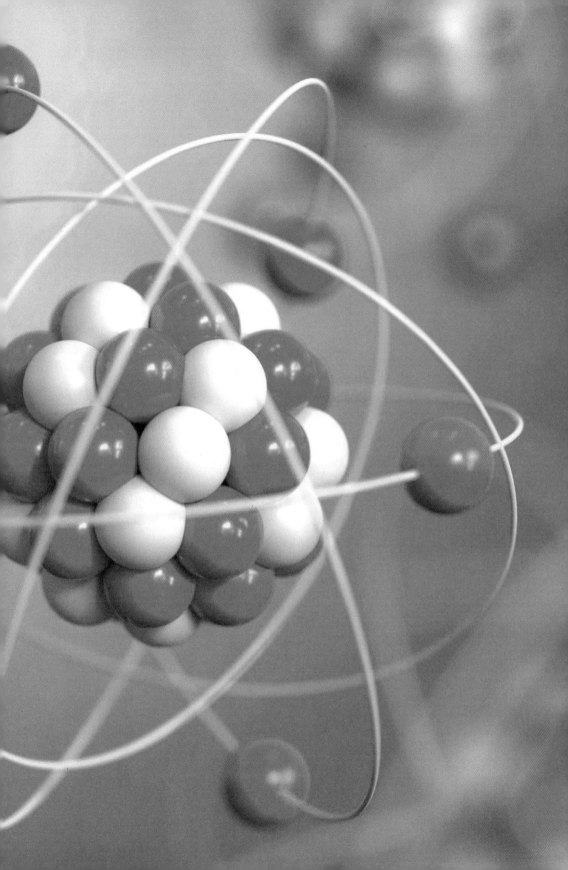

原子时代

核物理发展时间线	
1869 年	尤利乌斯·普吕克（Julius Plücker）和海因里希·盖斯勒（Heinrich Geissler）发现了阴极射线。
1896 年	亨利·贝克勒尔（Henri Becquerel）发现了放射性。
1927 年	罗尔夫·维德罗建造了第一个直线加速器。
1932 年	欧内斯特·劳伦斯（Ernest Lawrence）成功制造了第一台回旋加速器；约翰·考克饶夫（John Cockcroft）和欧内斯特·沃尔顿（Ernest Walton）设计了一种新的加速器，它成为粒子加速器的重要组成部分。
1942 年	恩里克·费米（Enrico Fermi）带领科学家们建立了一个能够自维持的核反应链。
1945 年 7 月 16 日	世界上第一颗原子弹"小玩意"（The Gadget）在新墨西哥州沙漠上空被引爆。
1951 年	世界上第一个用于发电的核反应堆在爱达荷州开始运作。
1954 年	世界上第一艘核动力潜艇"鹦鹉螺号"下水。
1986 年	切尔诺贝利的灾难表明了核能十分危险。

　　物质是由粒子组成的，这个观点可以追溯到古希腊德谟克利特的原子论。19 世纪的物理学家承认了原子的存在，但原子究竟是什么？原子会产生怎样的效果？

19 世纪是科学技术取得巨大进步的时代。在研究电的特性的过程中，法拉第注意到一个现象：如果从一个装有阴极和阳极的玻璃管中抽出大部分空气，就可以在电极之间检测到微弱的光。但是现实条件阻碍了法拉第的进一步研究，他无法在更好的真空环境下进行实验。不过，基于这个观察结果，他发明了阴极射线管。

大约在 1855 年，真空技术得到进一步发展，在此基础上，德国的普吕克和盖斯勒在阴极附近制造出了更明亮的光。1869 年，普吕克的学生约翰·希托夫（Johann Hittorf）证实了光束是从阴极发散出来的，并且沿直线运动。进一步的研究证实了阴极射线在磁场作

▶ 盖斯勒设计的试验管

用下会发生偏转，并且可以穿透金属箔，但研究人员还不清楚它们到底是什么。

从 1894 年开始，约瑟夫·汤姆逊（Joseph Thomson）在剑桥大学卡文迪什实验室开展了一系列实验，解决了这个问题。他得出最终结论：阴极射线是带负电荷的粒子，这些粒子比原子小得多。1896 年，法国物理学家贝克勒尔开始研究 X 射线的性质，而 X 射线是威廉·伦琴（Wilhelm Röntgen）在前一年用阴极射线管进行实验时发现的。贝克勒尔验证了铀吸收光线后又以 X 射线的形式重新发散的猜想，他证实了辐射的来源是铀本身。就这样，贝克勒尔发现了放射性。

▶贝克勒尔，放射性的发现者

在 19 世纪和 20 世纪之交，欧内斯特·卢瑟福（Ernest Rutherford）等人展开了进一步研究，确定了世界上存在不同类型的辐射。在一系列的实验中，卢瑟福用高能阿尔法粒子轰击氮原子核，观察到了喷射现象，他推测喷射而出的东西是氢原子（一个质子）。他认为，在这个过程中氮原子被分解了，但随后帕特里克·布莱克特（Patrick Blackkett）的研究表明，被轰击后的氮转变为了氧。1927 年，在伦敦皇家学会的一次演讲中，卢瑟福向他的同行们提出一项挑战。这项挑战的内容是找到一种方法，从而使带电粒子加速，最终让原子核解体。

粒子加速器

粒子加速器的原理十分简单，类似于下落的物体在重力作用下的加速现象，带电粒子也会通过电位差加速。在某种意义上，粒子通过电位差"下落"。

1927 年，挪威科学家维德罗用交流电建造出直线加速器。在交流电中，电荷的流动方向会发生周期性逆转。当电流朝一个方向流动时，带电粒子将从 X 点加速到 Y 点；当电流反向流动时，带电粒子则从 Y 点加速到 X 点。维德罗使用各种漂移管，即导电外壳，让正在加速的粒子免受反向电场的影响，防止其减速。当磁场再次发生逆转并进一步加速时，漂移管中会出现粒子。

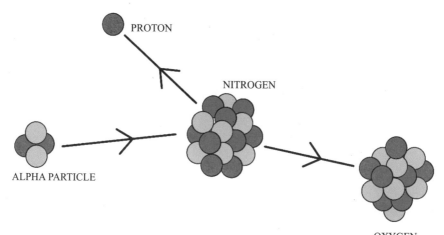

▶一个阿尔法粒子与一个氮原子核发生碰撞，会释放出一个质子，然后将其转化为氧

粒子运动得越快，所需的漂移管就越长，这就限制了直线加速器的体积。当时最大的直线加速器位于斯坦福直线加速器中心（现更名为 SLAC 国家加速器实验室），其长度超过 3 千米，能够将电子和正电子加速，并

▶位于斯坦福大学的 3 千米长的直线加速器局部图

获得 50 GeV 的能量。直线加速器的优点在于，比起圆形加速器，它们能够加速更大的离子，而且更容易产生高能电子束。至今，直线加速器被广泛应用于医学研究。

1932 年，同样在卡文迪什实验室工作的考克饶夫和沃尔顿正在研究电压倍增电路。它的原理是利用一组电容器从低压交流电中产生高电压直流电。1932 年 4 月 14 日，沃尔顿建立起一套装置，并利用它沿 2.5 米的管道加速高能质子来轰击锂。沃尔顿在发电机下面的观察舱（实际上是一个旧的茶箱）中，观察到了屏幕上的闪光，这说明产生了阿尔法粒子（氦核）。他们分裂了锂原子——这是有史以来第一次人工诱发的核反应。正如其名，考克饶夫—沃尔顿加速器成为粒子加速器的重要组成部分，而粒子加速器是探索原子性质的重要工具。如今，现代加速器使用的是更高效的射频系统。

▶1934 年，劳伦斯 （右）在加州大学伯克利分校建造的 69 厘米的回旋加速器

　　考克饶夫—沃尔顿加速器，由于向被加速的粒子传递能量需要高电压，因而受到限制。加州大学伯克利分校的劳伦斯意识到，这个问题可以通过圆形加速器来解决。在这个加速器中，电场能够多次加速粒子，劳伦斯称其为"质子旋转木马"。劳伦斯受到维德罗的启发，建成了回旋加速器。它利用磁场使加速粒子沿螺旋路径运动，因此它们能够在两个电极之间来回运动，从而会一次又一次地被加速。由此，粒子不断加速，直到它们最终以高能束的形式从回旋加速器发射出来。1932 年，劳伦斯用黄铜和密封蜡制造出第一台回旋加速器，它的直径只有 10 厘米，小到能够放在手心。1932 年 9 月，劳伦斯用一个更大的模型验证了几个月前考克饶夫和沃尔顿的原子分裂结果。

▶位于伊利诺斯州芝加哥费米实验室的考克饶夫—沃尔顿加速器

连锁反应

1932 年，詹姆斯·查德威克（James Chadwick）研究了铍产生的辐射，他得出结论：铍以一种中性粒子的形式存在，而这种中性粒子后来被称为"中子"。物理学家们很快意识到，无电荷的大质量中子是轰击原子核的理想抛射体。1933 年，利奥·西拉德（Leo Szilard）提出，如果一个中子与原子核发生反应，并产生两个或两个以上的中子，那么就有可能发生连锁反应。

从 1934 年开始，意大利物理学家费米和他的同事们开始向各种稳定元素发射中子，并发现它们可以产生新的放射性元素。费米还发现，碳和氢会起到减缓剂的作用，它们能减慢中子的速度，能量较低的中子更有可能被原子核吸收。费米用中子轰击铀，产出了第一批他认为的比铀重的元素。科学家认为，由此产生的物质是一种新元素，他们发现新元素的化学性质与那些较轻的元素相似。

继费米的研究之后，柏林的莉泽·迈特纳（Lise Meitner）、奥托·哈恩（Otto Hahn），以及化学家弗里茨·斯特拉斯曼（Fritz Strassmann），纷纷开始用中子轰击铀和其他元素。化学家哈恩对结果进行细致的化学分析，物理学家迈特纳负责解释其演变过程。由于迈特纳是犹太人，

▶1913 年，迈特纳和哈恩在实验室

1938 年 7 月她被迫逃离柏林，前往斯德哥尔摩。哈恩和斯特拉斯曼继续进行他们的实验，并在轰击铀的衰变产物中发现了一种较轻的元素——钡。大多数科学家认为，用中子撞击铀这样的大原子核会导致中子或质子的数量产生微小变化，但实际上，在这个过程中，并不会分裂原子核，这种现象令人十分困惑。

迈特纳和她的侄子，也就是物理学家奥托·弗里希（Otto Frisch），一起讨论了他们的新发现。弗里希认为铀原子核可以分裂，那些带正

▶费米的研究推动了第一个原子反应堆的建造

电荷的碎片会被电斥力分开。通过计算，迈特纳发现，之所以会出现这种能量，是因为两个新原子核的质量比原来的铀原子核略小。两者的差别微乎其微——大约是一个质子质量的 1/5——把这个质量加入阿尔伯特·爱因斯坦（Albert Einstein）著名的 $E=mc^2$ 方程中，就能得到所需的能量。这就是核裂变的发现，它推动了原子能和原子弹的诞生。

尼尔斯·玻尔（Niels Bohr）、爱因斯坦和费米一起讨论了弗里希和迈特纳的研究成果。费米认为中子可能在裂变过程中释放，并有可能引发一系列连锁反应。他的猜想得到了西拉德和其他研究者的证实。大约在同一时间，越来越多的实验结果为迈特纳和弗里希的理论提供了可靠的依据。

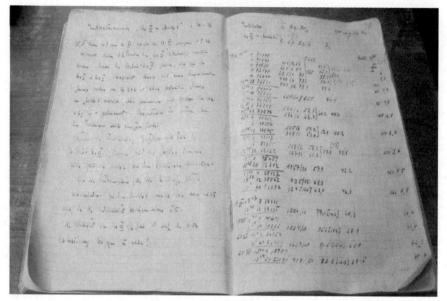

▶图为哈恩的笔记本，详细分析了实验结果

同位素

在哥伦比亚大学，费米和他的加拿大同事沃尔特·津恩（Walter Zinn）开始研究铀链式反应堆的设计方案。钚的发现，为建造反应堆铺平了道路。研究者们认为钚元素会发生裂变，但他们尚不知晓钚元素的性质。铀的稀有同位素 U-235 会发生裂变，不过天然铀中的 U-235 含量不到 1%，因此很难将其分离出来。玻尔对此表示担忧，如果这真的成为事实，就可能引发毁灭性的灾难。

利用化学方法，我们很难将 U-235 从 U-238（铀最常见的同位素）中分离出来。不过，利用两个物理方法，就可以实现分离：劳伦斯开发的电磁方法和哈罗德·尤里（Harold Urey）开发的扩散方法，不过，这两个方法都需要复杂的装置和大量的能源来分离 U-235。这两个方法在田纳西州诺克斯维尔附近的一个工厂被使用，该工厂面积约为 180 平方千米，最初名为克林顿工程师工厂，后来更名为橡树岭。

费米和津恩继续研究铀链式反应堆的设计方案，他们要解决的问题之一是，找到一种合适的减速剂来减慢高速中子的速度。在所有可用的物质中，石墨容易获得且足够纯净，成为首选。1941 年 7 月，研究者们开始用铀进行实验，他们希望能够确定中子产生的增殖因子 k 的值，这是让连锁反应成功的关键。如果大于 1，链式反应就会发生。如果小于 1，链

▶位于橡树岭的阿尔法 1 号赛道是一个巨大的电磁体，主要用来从 U-238 中分离出 U-235

式反应就不会发生。铀和减速剂中的杂质会捕获中子并使它们无法进一步发生反应，一些中子会从堆中逸出，不会与 U-235 原子碰撞。因此，研究者们无法确定关于 k 的值的猜想是否可信。

MET 实验室

1941 年 12 月，因发现 X 射线衍射而闻名的亚瑟·康普顿（Arthur Compton）接管了芝加哥大学冶金实验室，即 MET 实验室，其主要目标是找到生产钚的方法。在芝加哥大学斯塔格球场下面的一个废弃球场里，人们开始着手创建第一个自维持核反应，这为生产钚奠定了基础。

在费米的监督下，工人和科学家们在寒冷的天气里，在一个木框架上建造一层层的石墨砖。每块砖都被精确地切割，以确保它们能够紧密贴合。石墨砖上钻了洞，以便将铀块嵌入其中，人们还在其上打了孔，以便放置长约 3.5 米的镉"控制棒"，移除这些物质，就会导致反应进入临界状态。这项工程于 1942 年 12 月 1 日竣工，共使用了 36.6 吨氧化铀、5.6 吨金属铀和 350 吨石墨。第二天，费米和科学家们在阳台上看着物理学家乔治·韦尔（George Weil）移除镉棒。科学家们密切监测反应中的 k 值。下午 3 时 25 分，费米让韦尔拔出最后一根棒子。费米转向康普顿说："这个就足够了。"

正如预测的那样，这个反应堆进入了临界状态。大约 30 分钟后，费米下令关闭反应堆。科学家们喝了基安蒂红葡萄酒来庆祝这次实验的成功，然后他们在酒瓶签上了自己的名字。这个实验不仅证明了核能可以发电，还证实了这种生产钚的方法具有可行性。

▶1944 年，物理学家津恩（站立者）关闭了芝加哥的 3 号反应堆

▶这些精密切割的石墨块用于建造世界上第一个核反应堆

　　MET 实验室是后来成为曼哈顿计划的最重要实验室之一，该计划旨在研发原子弹。1942 年，格伦·西博格（Glenn Seaborg）在 MET 实验室成功地分离出一小份钚样本。但是，如果将其用于工业化生产，则实验室就得按比例扩大 10 亿倍。在用化学方法从铀中分离出钚之前，铀必须在生产堆中进行辐射处理。芝加哥 1 号反应堆已经建成，但它的规模太小，无法大量生产钚。1942 年秋天，研究人员决定在附近的阿贡国家实验室建造第二个反应堆。CP-1 的实验完成以后，反应堆就被拆除了。后来，研究人员选择在阿贡国家实验室建立芝加哥 2 号反应堆，并使用混凝土来屏蔽辐射。

原子弹

　　只有建造反应堆才能确保获得足量的钚，每生产一克钚，就能产生大约 2.5 万千瓦/时的热量。在橡树岭开展的实验中，人们建造了一个中型反应堆，即 X-10 石墨反应堆。X-10 石墨反应堆以 CP-1 为基础，CP-1 是生产钚的试点反应堆。1943 年，人们开始在橡树岭建立化学分离实验工厂。新的实验反应堆和钚的提取装置由杜邦公司的查尔斯·库珀（Charles Cooper）设计，这两项工作都需要复杂的工程设计作为支撑，并且可能会出现高强度辐射，因此开展这项工作十分困难。安全是主要的考虑因素，因为高放射性的钚比低放射性的铀危险得多。大规模的反应堆是在汉福德工程工厂建造的，这个工厂位于华盛顿州哥伦比亚河附近，占地 2600 平方千米。

▶工人们小心翼翼地将铀插入 X-10 石墨反应堆

在 1943 年以前，设计原子弹仅停留在理论层面。在物理学家罗伯特·奥本海默（Robert Oppenheimer）的指导下，人们在新墨西哥州的洛斯阿拉莫斯建立了一个实验室。洛斯阿拉莫斯团队的目标是，找到将生产反应堆所用的物质转化为纯金属的方法，并将其制成核弹所需的形状。引爆原子弹需要临界质量的可裂变物质，这意味着需要有足够的 U-235 或钚元素才能引发连锁反应。可裂变物质越多，发生连锁反应的概率就越大。

洛斯阿拉莫斯团队由科学家、工程师、冶金学家和爆炸物专家组成，他们研发了两种不同的炸弹：一种使用 U-235，另一种使用钚。第一种设计被命名为"小男孩"，这种设计需要足够的 U-235 为炸弹提供动力，因此采用了枪炮式设计，通过将一块 U-235 发射到另一块 U-235，将两者结合起来，可以更好地达到临界质量，从而引发连锁反应。

▶奥本海默，建造第一颗原子弹的负责人

第二种设计名为"胖子"，它使用的是汉福德核反应堆生产的钚。汉福德钚含有痕量同位素钚-240，而不是钚-239。钚-240 的裂变速度更快，这意味着原子在枪炮式设计将两大块钚聚合在一起之前就会自发裂变，因此可以减少炸弹爆炸时产生的能量。物理学家赛斯·内德梅耶（Seth Neddermeyer）设计了一种钚炸弹，它利用常规炸药产生冲击波，从而迅速增加钚的密度，使其达到临界质量。

▶ "小男孩"的组装过程

　　要发挥内爆设计的作用，研究人员必须解决三个主要问题：使之产生足够的压力来压缩钚；抓住雷管的完美引爆时机；内爆必须对称。这个内爆装置就像一个足球，包含 32 个由炸药组成的透镜，它们围绕着钚，形成一个球体。研发这种镜片是洛斯阿拉莫斯团队最伟大的成就之一。就像光学透镜能使光束聚集在一点，爆炸透镜可以将能量汇聚成射向钚核心的球形内爆冲击波。当时，人们对烈性炸药产生的内爆冲击波知之甚少，还需要洛斯阿拉莫斯 X（炸药部门）的进一步发掘。

　　透镜的形状和外部设计很重要，此外，研发团队还必须确保其引爆的时间精确。例如，如果一个透镜并没有与其他透镜同步引爆，它可能会把钚推到一边，从而导致爆炸效率降低。为了确保对称爆炸，雷管必须在百万分之一秒内相互触发。此外，更先进的摄影技术被开发出来，包括精确到百万分之一秒高速运转的 X 射线照相机，用于评估爆炸的效果。

洛斯阿拉莫斯团队还设计了一种特殊的无火花雷管，被称为"爆炸桥线雷管"，这种雷管需要用高压电气系统来点燃，它能够同时引爆多个炸药。物理学家唐纳德·霍尼格（Donald Hornig）发明的火花间隙开关，能够在一微秒内点燃 32 个透镜雷管，还能够传递雷管所需的 5000 伏电压。承受如此高的电压，普通开关会有过早爆炸的危险，而火花间隙开关使用了夜间航空摄影的强大闪光装置的改装技术——用雷管替换了闪光灯。

经过三年的研究，世界上第一个钚武器准备就绪，它被命名为"小玩意"。1945 年 7 月 13 日，"小玩意"开始最后的组装。7 月 15 日，"小玩意"被吊到 30 米高的发射塔上。这个实验场名为"三位一体"，位于洛斯阿拉莫斯以南 340 千米的阿拉莫戈多轰炸靶场。三个观测掩体分别位于发射塔的北部、西部和南部 9 千米处，科学家很想确定内爆的效果和释放的能量。他们最担心的问题之一是，在这个过程中会产生大量辐射，因此部队做好了随时撤离的准备。

在测试开始前，科学家聚在一起讨论这次测试能否成功。费米和大家打了一个赌，猜测这颗炸弹是否会点燃大气层，如果会，它是仅仅摧毁新墨西哥州还是毁灭整个世界。1945 年 7 月 16 日，凌晨 5 时 30 分，"小玩意"在新墨西哥州沙漠上空爆炸，导致发射塔化为乌有。巨大的冲击波和热浪连同看不见的辐射席卷整个沙漠，一个 200 吨重的钢铁集装箱在爆炸中被推到 1000 米以外的地方，距离爆炸中心 8000 米外的一名观察员因冲击倒地。橙色和黄色的火球向上蔓延，变成蘑菇状的云，成为原子时代的象征。奥本海默引用了《博伽梵歌》中的一句名言："现在我变成了死神，世界的毁灭者。"

▶1945 年 7 月，"小玩意"在发射塔上就位

原子能

　　研制原子弹的过程中建造的核反应堆所产生的巨大热量，既可以被直接利用，也可以用于发电。原子弹中的链式反应被用来增加其强度，以便物质能够尽快发生裂变，并在爆炸中产生能量。在核反应堆中，链式反应必须维持在可控的水平，没人希望反应堆像炸弹一样爆炸。当反应堆启动时，控制棒将会被从堆芯中移除，以启动链式反应。当反应堆达到所需的功率时，一部分控制棒会重新被插入，用来限制产生的中子数量。如果需

要关闭反应堆，则必须将控制棒完全插回，以防止反应堆进一步裂变。

1951 年 12 月，位于爱达荷州的小型实验增殖反应堆，也就是第一个用于发电的核反应堆，正式开始运作。它产生的电力刚好能点亮四盏灯泡。此时，在苏联，科学家们正在设计新的反应堆。1946 年 5 月，物理与动力工程研究所（FEI）成立了，它位于莫斯科西南 100 千米外的奥布宁斯克。他们改造了一个石墨慢化钚生产反应堆，主要用其供热和发电。1954 年 6 月，世界上第一个核动力发电机 AM-1 正式投入使用。直到 1959 年，AM-1 才用于发电，并于 2000 年起用于研究。

由于潜艇不需要燃料补给，也不需要使用氧气进行燃烧，因此研究者希望使用反应堆为潜艇提供动力。1954 年，世界上第一艘核动力潜艇——"鹦鹉螺号"正式下水，它使用专为海军（特别是潜艇）设计的压水堆（PWR）。压水堆使用浓缩铀氧化物燃料，并用水进行减速和冷却。在宾夕法尼亚州希平港，一个在潜艇反应堆设计基础上研发出来的新型反应堆于 1957 年投入使用，这是美国第一个全尺寸商业反应堆。

世界上有 17% 至 20% 的电力是由核能产生的。如同化石燃料发电站，其热量（在这种情况下是由核裂变产生的）被用来加热水并产生蒸汽，然后蒸汽驱动涡轮机旋转，带动发电机发电。

目前，压水堆和沸水堆（BWR）被广泛应用。在压水堆中，加热的水被限制在一定压力下，因此不会沸腾。反应堆中的水能够加热蒸汽发电机中的水。在沸水反应堆中，水被核裂变直接加热，并为涡轮机提供动力。在这两个系统中，水都可以被重复利用。包括热中子反应堆在内的其他反应堆，其运作时的温度都超过 1000℃。在"球床"反应堆中，核燃料被包裹在网球大小的石墨球中，因此，在燃料温度上升时，也不容易被裂变的 U-235 原子捕获，有助于减少反应堆的功率输出，确保温度不会过高。

▶第一艘核动力潜艇"鹦鹉螺号"下水

　　快速反应堆所使用的燃料中包含更高浓度的可裂变物质，并依赖快中子来维持核反应，它们可以用来生产额外的燃料（称为增殖反应堆）。例如，钠冷却的快速反应堆可以产生钚。

核能的反对者对辐射和危险废物的处理问题等表示担忧。多年来，一系列涉及核电站的事故使得人们的担忧增加了。1979 年 3 月 28 日，宾夕法尼亚州哈里斯堡附近的三里岛核反应堆发生了一次辐射泄漏事件，是由机械故障和人为失误共同造成的。虽然没有人因此受伤，但这起事故引起了民众的恐慌。1986 年 4 月 26 日凌晨，乌克兰切尔诺贝利核电站 4 个核反应堆中的一个发生了更严重的事故。成千上万的人逃离家园，

许多人因遭受辐射失去生命。2011 年 3 月，日本福岛核电站泄漏。当时，地震和随之而来的海啸袭击日本东北海岸，导致福岛核电站受到灾难性影响。

▶1979 年，三里岛核反应堆辐射泄漏，揭示了核能的危险

第十二章

飞离地球

飞离地球

火箭技术发展时间线	
约 1 世纪	亚历山大的希罗发明汽转球。
约 10 世纪	中国宋朝的军队开始使用火药。
13 世纪中叶	火药传到欧洲。
16 世纪早期	德国烟花制造商约翰·施米德莱普（Johann Schmidlap）提出制造"阶梯火箭"的设想。
1687 年	艾萨克·牛顿（Isaac Newton）提出牛顿运动定律。
1844 年	威廉·黑尔（William Hale）获得自旋稳定技术的专利。
1926 年	罗伯特·戈达德（Robert Goddard）发射第一枚液体火箭。
1937 年	沃纳·布劳恩（Werner Braun）的团队开始在德国生产液体火箭。
1944 年	第一枚 V-2 火箭成功发射。
1957 年	第一颗人造卫星"伴侣号"由 R-7 火箭发射。
1960 年	第一颗通信卫星"回声 1 号"被发射到太空。
1961 年	尤里·加加林（Yuri Gagarin）绕地球航行一周，成为第一个进入太空的人类。
1969 年	尼尔·阿姆斯特朗（Neil Armstrong）和巴兹·奥尔德林（Buzz Aldrin）登上月球。
1973 年	美国发射太空实验室。
1998 年	国际空间站的第一个组件"曙光"发射升空。
2016 年	"猎鹰 9 号"的助推器可重复使用，这是第一枚成功在海上垂直着陆的火箭。

古罗马作家奥拉斯·哲利阿斯（Aulus Gellius）记载，大约在公元前 400 年，意大利南部塔伦托姆的一位名叫阿契塔（Archytas）的希腊人，用蒸汽沿着电线放飞一只木制鸽子，这件事令市民们既困惑又开心。这就是作用—反作用原理最早的实例之一，这个原理也是让火箭飞行的基础。多年后，牛顿提出了万有引力定律。

▶希罗发明的汽转球

在"木鸽飞行"事件大约 300 年以后，另一位希腊人，也就是亚历山大的希罗，发明了汽转球，同样揭示了作用—反作用原理，汽转球使用蒸汽作为驱动力。希罗将一个球体与其他部件组装在一起，这个球体中有两个 L 形管，两根管子分别被插入到一个水壶的顶部。水壶中有火，火将水变为蒸汽，而蒸汽会通过 L 形管进入球体。球体中的 L 形管使气体逸出，逸出的气体会产生使球体旋转的推力。

汽油箭与火箭

如今用于向太阳系发射探测器的火箭前身之一是 10 世纪的中国火箭。约公元 904 年，宋朝的军队就开始使用火药了，比如名为"飞火"的箭杆上装有燃烧的火药管。

此后，火药和火箭技术很快从中国传至全世界。方济会的修道士罗杰·培根（Roger Bacon）是欧洲最早使用火药的人之一，他在 1242 年写道："如果你知道诀窍，点燃它之后你将感受到雷声和闪电"。此外，他改进了火药配方，使火箭的射程大大增加。在法国，让·弗罗萨特（Jean Froissart）发现，火箭通过管道向外发射会变得更精确。

到了 16 世纪，火箭很少被作为武器来使用了，但仍然被用于烟花表演。这一时期，德国烟花制造商约翰·施米德莱普提出制造"阶梯火箭"的设想，其原理是用一枚较大的火箭携带一枚较小的火箭一同升空，当较大的火箭燃尽时，较小的火箭会被接替点燃，然后继续向上飞得更高。

相传，16 世纪的中国官员万胡是最早将火箭作为运输工具的先驱之一。他有一个大胆的设想：用两个大风筝和 47 支箭制作一个火箭动力飞行椅。在火箭点燃后，爆炸声震耳欲聋，浓烟滚滚。然而，在烟雾散去以后，万胡和他的飞行椅都消失了。没有人知道万胡究竟怎么样了，也没人知道他最终去了哪里。

火箭及其他运动的物体背后的科学原理，在牛顿的运动定律中被揭示出来。这些定律解释了火箭的运作原理，以及为什么火箭能在真空中飞行。以下三条定律揭示了重要原理：

（1）一个物体将保持静止或继续以相同的方向和速度运动，除非受到力的作用。

（2）作用在物体上的力会使物体朝着那个力的方向运动，物体速度或方向的变化取决于力的大小和物体的质量。

（3）每个作用力都有一个大小相等、方向相反的反作用力。如果一个物体对另一个物体施加一个力，那么第二个物体也会对第一个物体施加一个大小相等、方向相反的力。

▶现代火箭的前身之一是 10 世纪的中国火箭

在某种程度上，牛顿也曾设想过卫星绕地球运行的可行性。他曾想象在山顶上架设一门威力强大的大炮，炮弹的轨道是弯曲的，炮弹飞行的时间取决于重力把它拉回地球所花的时间，而水平飞行的距离则取决于炮弹的速度。牛顿意识到，在理想速度下，炮弹所遵循的曲线轨迹与地球表面的曲线完全吻合。因此，炮弹会绕着地球旋转，虽然炮弹总会朝着地球加速，但永远不会到达地面。这一设想正是将卫星送入轨道的原理，只不过人们使用了火箭来提供前进的动力。

18 世纪末到 19 世纪初，火箭再次被作为武器使用，但它们并不能精确地瞄准目标，唯有大量使用才能产生足够的威力，于是，研究人员尝试了各种方法来提高其准确性。19 世纪 40 年代，法国和美国的实验表明，如果火箭能够旋转，那么它的精确度会更高。1844 年，黑尔获得一项名为

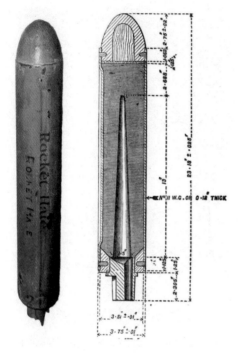

▶黑尔的旋转火箭采用的设计使其可以在飞行中旋转

自旋稳定技术的专利。在这种方法中，废气通过倾斜的排气孔逸出，击中火箭底部的小叶片，使火箭像飞行中的子弹一样旋转。黑尔设计的火箭是现代火箭的前身之一。这一原理的变体至今仍在使用。

先驱者

20 世纪初，一些有远见的科学家和工程师开始思考使用火箭探索太空的可行性。俄罗斯教师康斯坦丁·齐奥尔科夫斯基提出用液体火箭、多级助推器和太空居住舱进行太空探索的先见性想法。根据牛顿第二定律，齐奥尔科夫斯基认为火箭的速度和射程只受其排放气体的速度的限制。1903 年，他最重要的著作《利用火箭装置探索外层空间》出版。虽然齐奥尔科夫斯基从未真正造过火箭，但他对未来太空探索提出了广受认可的愿景，因此被大多数人称为"现代航天之父"。

美国人戈达德进行了火箭实验，希望火箭能够升至比气球飞行高度更高的高空。1915 年，他提出一个理论，即火箭不需要推动空气来产生推力，就可以在真空中运转。1920 年，他出版了《到达极高空的方法》一书。在书中，戈达德推测，火箭可以将有效载荷送上月球。当时，他的设想遭到了众人的嘲笑，但他说道："在第一个人实现愿景之前，每个愿景都是一个笑话。"

戈达德确信，液体燃料的性能比固体推进剂好。此外，他还着手解决诸如建造燃料箱和燃烧室等技术问题。在此之前，从未有人成功建造过液体火箭。戈达德的火箭燃料是汽油和液氧的混合物，燃料通过不同的管道被送入燃烧室。他使用流经燃料箱的极冷液氧来冷却燃烧室，如今的火箭设计仍然采用这种方法。瑞典工程师古斯塔夫·德·拉瓦尔（Gustav De Laval）设计出一种使用新型喷嘴的蒸汽机涡轮，这种喷嘴先缩小，再扩大，能使蒸汽达到声速。戈达德用拉瓦尔喷管替换旧喷管，将火箭的效率提高60%以上。

1926年3月16日，戈达德在马萨诸塞州的沃德农场发射了世界上第一枚液体火箭。该火箭的飞行高度不到60米，飞行时间约2秒。当地的消防官员被戈达德的行为吓坏了，他们禁止他开展下一阶段的实验。于是，戈达德搬到新墨西哥

▶1926年3月16日，戈达德与他的第一枚液体火箭合影

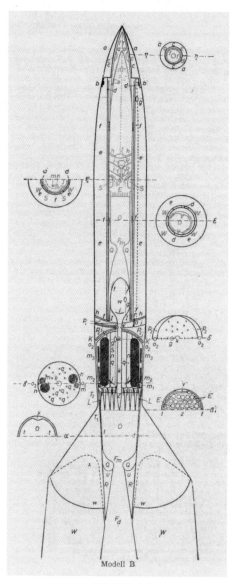

Modell B

▶奥伯斯的火箭设计之一

州，研发出第一个陀螺控制的火箭制导系统和降落伞回收系统，这两个新系统使他的设备能够安全返回地面。1929年，他再次发射火箭，首次以气压计和照相机的形式实现科学有效载荷。

还有一位伟大的太空先驱，德国物理学家赫尔曼·奥伯斯（Hermann Oberth）。1908年，14岁的奥伯斯构想出一种他称之为"后坐力火箭"的东西。"后坐力火箭"可以从底座排出废气，推动自身在太空中飞行。第一次世界大战期间，奥伯斯在一个战地医疗单位服役，之后他转向物理学，主要研究液体火箭燃料的可行性。他注意到"阶梯火箭"的优势，他写道："如果一个小火箭在一个大火箭的上面，当大火箭燃尽后，再点燃小火箭，那么它们的速度就会增加。""阶梯火箭"分别由奥伯斯、齐奥尔科夫斯基和戈达德独立研发，这是一种有效的、由一个或多个单独的小火箭组成的大火箭。

1923 年，奥伯斯出版《飞向星际间的火箭》一书，这本书解释了火箭是如何摆脱地球引力的，其中的理论和构想对世界各地的火箭研究团体产生了深远的影响。成立于德国的"太空旅行协会"进一步推动 V-2 火箭的发展。

1932 年，奥伯斯开始为德国军队工作。第一次世界大战后，由于被禁止使用远程火炮，德国人想将火箭作为武器来使用。1937 年，奥伯斯的导师布劳恩，率领团队开始生产液体火箭，其中包括当时最先进的 V-2 火箭，奥伯斯也参与其中。

▶奥伯斯推动 V-2 火箭的发展

▶ V-2 火箭

V-2 火箭的长度仅有 14 米，与如今大部分火箭相比小很多。它使用液氧和酒精的混合物作为燃料，这种燃料能够产生巨大的推力，火箭能够以接近 4000 千米/小时的速度，将 700 千克的炸药发射到 320 千米之外的目的地。1944 年 9 月到 1945 年 3 月，超过 1000 个 V-2 型导弹被发射，破坏力惊人。第二次世界大战结束时，被俘的德国火箭工程师和被缴获的 V-2 火箭成为美国和苏联战后太空探索及导弹发展计划的重要基础。美军缴获的 V-2 火箭部件足够组装大约 80 枚火箭。V-2 火箭的爆炸弹头被科学仪器取代，它被改造为探空火箭，发射到高空，用来探索地球上层的大气，但它没有进入轨道。

火箭竞赛

第二次世界大战后，越来越先进的火箭陆续被研发出来，这源于制造原子弹运载系统的需要。火箭工程师谢尔盖·科罗廖夫是苏联宇航事业的伟大设计者。20 世纪 30 年代，在他的带领下，苏联第一枚液体火箭诞生。此外，科罗廖夫设计了多种 R-7 火箭，中心周围设有 4 个捆绑式助推器，这枚火箭主要用于发射一枚重达 2 吨的氢弹。

1957 年 10 月 4 日，R-7 火箭将第一颗人造卫星"伴侣号"送入轨道。"伴侣号"是一个 58 厘米高的抛光金属球，重 83.6 千克，

▶1957 年 10 月 4 日，科罗廖夫设计的 R-7 运载火箭将第一颗人造卫星送入轨道

装有 4 个外部无线电天线。它的表现令所有人大吃一惊，人们很难相信物体能以每小时 29000 千米以上的速度环绕地球。一个月后，苏联发射了第二颗更大的卫星，其成功进入轨道。这一次，重达 500 千克的"伴侣 2 号"搭载了一只名叫莱卡的狗，这是第一只进入太空的生物。不幸的是，莱卡没能在这次冒险中存活下来。由于"伴侣 2 号"人造卫星的表面被高温点燃，莱卡在出发几小时后就死去了。

美国发射的第一枚大型弹道导弹是 PGM-11 "红石"，其能携带射程 280 千米的核弹头，被认为是当时最可靠的火箭之一。美国急于效仿苏联，因此匆忙在新的先锋火箭的飞行测试中增加了一颗小型实验卫星。1957 年 12 月 6 日，火箭在佛罗里达州卡纳维拉尔角发射。令人尴尬的是，它升空不到一米，就掉在地上爆炸了。这次爆炸将卫星带到附近的灌木丛中，卫星开始在那附近发射信号。不久后，美国媒体便将这次失败称为"卡普特尼克"（Kaputnik）。1958 年 1 月 31 日，美国陆军发射"探索者 1 号"，将

▶美国在太空竞赛中的尝试以灾难告终——1957 年 12 月 6 日，一枚先锋火箭在发射时爆炸了

自己的卫星送入太空。尽管体积比"伴侣号"小得多，但重达 14 千克的"探索者 1 号"在探索太空环境方面取得重要发现：它能够探测到地球周围的辐射带。正因如此，人们将地球附近的高能粒子辐射带命名为范艾伦辐射带。

卫星群

在"伴侣号"发射后的三年多时间里，共有 1100 多颗卫星环绕地球运行。1959 年 8 月 14 日，"探索者 6 号"从太空发回第一张模糊的地球黑白照片。从图像上来看，很难辨别出那是一颗行星。1960 年 4 月 1 日，"泰罗斯 1 号"气象卫星传回地球的电视图像——从那时起，人们对太空不断进行探索。1960 年 8 月 12 日，第一颗通信卫星"回声 1 号"发射，它比一个直径 30 米的巨大金属气球大不了多少，但它可以反射无线电信号。

▶1960 年发射的卫星"回声 1 号"

没过多久，更复杂的通信卫星出现了。1962年，卫星"电星"（Telstar）发射，这是世界上第一颗有源通信卫星。尽管这颗卫星只运行了几个月，但它激发了全世界人们的想象力，引发了一场信息革命。1964年，通信卫星"同步3号"发射了，它是世界上第一颗地球同步静止轨道通信卫星，其轨道距离月球表面近36000千米，轨道速度与地球的自转速度相当，所以它看起来像是悬浮在地球表面的一个点。1964年，"同步3号"将东京奥运会的画面从日本传到美国。卫星链路通常是这样的：将信号从地面站传输到卫星，卫星接收并放大信号，然后再将其传回地球上的地面站。卫星发送的信号以非常窄的波束传输，因此发射和接收信号的碟形天线被精准对齐。英国皇家卫星康沃尔的地面站建成于1962年，专门用来连接卫星"电星"。地面站部署几十米宽的大型天线，用于接收来自绕地球轨道的卫星和更远的太空探测器的微弱信号。地面站使用的天线非常敏感，它们能接收到十分微弱的信号。

▶英国皇家卫星的地面接收站对于卫星通信至关重要

太空旅行

作为苏联的首席火箭工程师，科罗廖夫负责将第一个人类送入太空。1961 年 4 月 12 日，宇航员加加林乘坐改进的 R-7 火箭运载的"东方 1 号"太空舱绕地球飞行了一圈，到达距地面约 327 千米的高空。加加林的飞行持续了 1 小时 48 分钟。在证明人类太空飞行的可行性之后，科罗廖夫计划将更多苏联宇航员送上月球，最难的是开发能够满足飞抵月球所需的巨型助推器。1962 年，科罗廖夫的团队开始研究 N-1 运载火箭。不过，该项目在 1971 年取消，并未成功。

美国的第一个载人航天计划是"水星计划"。由于缺乏足以和 R-7 火箭相媲美的助推火箭，"水星号"太空舱一直保持着小巧和简单的设计。

▶第一个环绕地球的美国宇航员格伦登上太空舱

"水星号"仅重 1360 千克,长约 2 米,而"东方 1 号"重约 5 吨。1961 年 5 月,艾伦·谢泼德(Alan Shepard)成为第一个进入太空的美国人,尽管用来发射"水星号"的红石运载火箭没有足够的力量将他送入轨道。1962 年 2 月 20 日,约翰·格伦(John Glenn)成为第一个环绕地球飞行的美国人,他被更强大的阿特拉斯运载火箭送入太空。

1961 年,在格伦进入轨道之前,约翰·肯尼迪(John Kennedy)总统下令,要求 NASA 开始执行将宇航员送上月球的任务。在开始这项任务之前,科学家们希望能够更多地了解月球。作为太空中离地球最近的天体,月球显然是太空探测器的重要目标。1959 年,苏联的"月球 2 号"探测器在月球表面着陆。几周后,"月球 3 号"登陆月球,传回第一张月球远侧的图像,而这种画面是人类永远无法从地球上观测到的。1966 年,"勘测者 1 号"成为第一个在月球表面成功着陆的美国探测器,它证明了在月球软着陆是可行的。

"双子星座计划"于 1961 年至 1966 年实施,这项计划旨在测试月球之旅所需的技术设备。"双子星"载人太空舱配备机动推进器,宇航员能够改变太空舱的航向,并与轨道上的其他航天器交会对接。这些技能都是参与计划的宇航员在月球任务中所必须掌握的。

有了"双子星"飞行的经验,美国宇航员和地勤人员为"阿波罗计划"做好了准备。"阿波罗"飞船由三部分组成:容纳航天员舱和飞行控制舱的指挥舱;带有推进和航天器支持系统的服务舱;携带两名宇航员到月球表面并将他们送回月球轨道的登月舱。"土星五号"运载火箭是迄今最强大的火箭之一,它共有三级,高 111 米,重达 2800 吨,发射时,5 个主引擎产生 3450 万牛顿的推力,能够将 118 吨的物体送入地球轨道,或者将 43.5 吨的物体送达月球。

1969 年 7 月 20 日,当迈克尔·柯林斯(Michael Collins)驾驶"阿波

罗"指挥舱进入月球轨道时，阿姆斯特朗和奥尔德林将登月舱带到月球表面。在紧张降落之后，登月舱在"平静海"着陆。六个小时后，阿姆斯特朗打开舱门，踏上月球表面。就这样，他成为首位登上月球的人类。阿姆斯特朗在月球上待了一天，在进行实验并收集样本后，他和奥尔德林、柯林斯会合，并于 7 月 24 日安全返回地球。

▶1969 年 7 月，奥尔德林登上月球表面

"阿波罗"最后的三次登月任务都搭载了载人月球车（LRV）。这是一款电动汽车，能够在月球的低重力、无空气条件下运行。载人月球车使宇航员能够探索比步行所能到达的更远的地方。非官方的月球着陆速度纪录是每小时 18 千米，这项纪录由操作"阿波罗 17 号"的尤金·塞尔南（Eugene Cernan）保持。

空间站

"空间站"一词是由奥伯斯发明。他在 1923 年的一篇文章中提出了一个设想，我们可以搭建围绕地球运转的平台，宇航员可以在这个平台上执行飞往月球和火星的任务。第一个真正意义上的空间站是苏联在 1971 年发射的 19 吨重的"礼炮 1 号"。这个空间站只被访问过两次，当时的第一批宇航员由于舱口故障未能进入空间站。1973 年，美国发射了太空实验室，三名宇航员在太空实验室里总共待了 171 天，进行了数百项实验。1986 年，苏联发射了"和平号"的第一批部件，并在轨道上花费 10 年时间进行组装。组装完成后的"和平号"长 19 米，宽 31 米，重达 130 吨。它能绕地球运转 15 年，其中，超过五分之四的时间都处于使用状态。宇航员瓦列里·波利亚科夫（Valeri Polyakov）于 1994 年 1 月 8 日飞往"和平号"，总共在"和平号"上度过约 437 天，于 1995 年 3 月 22 日返回地球。波利亚科夫创造了单人太空飞行时间记录，这项纪录至今仍然未被打破。

400 吨重的国际空间站（ISS）耗费 10 年时间才建成，30 个代表团和 15 个国家共享了他们的先进技术。1998 年 11 月 20 日，空间站的组装正式开始，当时第一个组件"曙光"由俄罗斯"质子"火箭发射进入轨道。两周后，在太空行走的宇航员将 NASA"团结"组件搭载在"奋进号"航天飞机上，并与"曙光"相连。2000 年 7 月 12 日"红星"组件被送入轨

道。在地面控制人员的引导下，"曙光"和"团结"到达会合点，并与"红星"对接，所采用的自动化系统由俄罗斯研发。"红星"组件增加了睡眠舱、运动设备、氧气发生器和其他必要的居住设备。2000 年 11 月 2 日，国际空间站的第一批宇航员搭乘"联盟号"抵达国际空间站。从那以后，这个空间站一直处于使用状态。在接下来的几年里，这个空间站又增加了更多的组件，其中包括实验室、远程控制机器人手臂、加拿大机械臂和约为 70 米的太阳能电池板。

▶环绕地球轨道的太空实验室空间站

　　进入太空耗资巨大，而这主要是因为助推器火箭只能使用一次。航天飞机曾尝试可重复使用的航天器，但可重复使用的航天器的飞行成本和一次性的航天器成本都极高。2016 年 4 月，Spacex 公司向国际空间站发射"猎鹰 9 号"，其助推器可重复使用。该火箭成功返回地球，成为首枚在海上垂直着陆的火箭。2017 年 3 月，这枚火箭再次升空。2020 年 5 月，"猎鹰 9 号"和"猎鹰重型"（"猎鹰 9 号"的重型运载版本）成功到达轨道且操作系统可重复使用。

▶人类有史以来在太空中组装的最大物体——国际空间站

▶2018 年 12 月，"猎鹰 9 号"成功返回地球

第十三章

数字时代

数字时代

计算技术发展时间线	
1801 年	约瑟夫—玛丽·雅卡尔（Joseph-Marie Jacquard）发明用打孔卡来操作的织布机，使编织过程自动化。
1822 年	查尔斯·巴贝奇（Charles Babbage）提出差分机的设想。
1842 年	阿达·洛芙莱斯（Ada Lovelace）编写了第一个计算机程序。
1889 年	赫尔曼·何乐礼（Herman Hollerith）为美国人口普查局研制制表机。
1904 年	约翰·弗莱明（John Fleming）发明了第一个真空管。
1937—1942 年	约翰·阿塔纳索夫（John Atanasoff）和克利福特·贝瑞（Clifford Berry）制造出第一台用途特殊的电子计算机。
1943 年	巨人计算机（Colossus Computer）在布莱切利公园建成。
1944 年	约翰·埃克特（John Eckert）发明水银延迟线储存器。
1946 年	宾夕法尼亚大学的工程师成功研发 ENIAC，这是第一台可编程电子数字计算机。
1947 年	威廉·肖克利（William Shockley）、约翰·巴丁（John Bardeen）及沃尔特·布拉顿（Walter Brattain）在贝尔实验室发明晶体管。
1948 年	曼彻斯特小型机开始运行第一个项目。"弗兰蒂·马克 I"（Ferranti Mark I）是第一台用于商业销售的计算机。
1958 年	德州仪器公司的杰克·基尔比（Jack Kilby）发明了集成电路。
1969 年	阿帕网首次将计算机网络连接在一起。
1970 年	第一台带有集成电路的手持计算器问世。
1971 年	英特尔推出首款微处理器（C4004）。
1972 年	世界上第一封电子邮件成功发送。

续表

1976 年	史蒂夫·乔布斯（Steve Jobs）和史蒂夫·沃兹尼亚克（Stephen Wozniak）发布"苹果 I"（Apple I）计算机。
1983 年	随着 TCP/IP 协议的采用，互联网开始发展。
1989 年	蒂姆·伯纳斯—李（Tim Berners-Lee）建立万维网。
2019 年	谷歌推出名为 Sycamore 的量子计算机。

如今，我们早已习惯了随时获取大量信息。我们能够携带更多设备，它们的计算能力比一百年前整个国家的计算能力还要强大。令人惊讶的是，现代计算机技术可以追溯到 19 世纪早期的丝绸编织。

1801 年，雅卡尔发明了一种将高度复杂的丝绸织造过程自动化的方法，普通工人也能织出非常复杂的花纹和图案了。提花织机需要用一套打了孔的木卡片来操作，这些卡片决定了梭子经过时织物经纱的哪条线会升起来。

这些卡片的发明，不仅使编织变得更容易，还提供了一种储存图案的方法，人们可以多次精确复制相同的图案。纺织厂老板们采用了雅卡尔的发明，但那些花费多年时间掌握织布工艺的织工却认为自己的生计受到了威胁。一些愤怒的工人砸毁了雅卡尔织布机，法国的织布工把鞋子或木屐扔进织布机里，试图损坏织布机并使其停止运行，"蓄意毁坏"（Sabotage）这个词就源于此。

1839 年，米歇尔—玛丽·卡奎拉（Michel-Marie Carquillat）使用提花织机在提花丝上织出一幅肖像，她总共使用 24000 张卡片，每张卡片约有 1000 个孔位，最终的成品细节令人惊讶，这件事启发了英国数学家巴贝奇。他发现了穿孔卡片在编程、输入、输出和信息存储方面的潜力，在此基础上，他设计出第一台通用可编程计算机。

▶带有木质卡片的提花织机

　　提花织机是二进制最早的实际应用之一。在日常生活中，我们大多使用十进制。二进制只使用两个字符，也就是 0 和 1，它们在计算机中是必不可少的。每个数字都可以用多个继电器来表示，这些继电器要么是开(1)，要么是关(0)。与之对应的是，穿孔卡片的每个空格要么有一个洞，要么没有洞。应用二进制，是机器使用方式上的巨大进步。

巴贝奇

早在 1822 年，巴贝奇就产生了一个设想，那是一个像房间一样大的、由蒸汽驱动的计算机，他称之为差分机。他获得了政府的资助，因为人们希望巴贝奇的机器能够消除导航表中的错误。但十年后，这个耗资巨大的项目依旧没有完成，而项目资金也被撤回。巴贝奇没有被挫折吓倒，反而更加雄心勃勃。他设想中的差分机有房子那么大，共需要六台蒸汽机来驱动。

在雅卡尔的穿孔卡片的基础上，巴贝奇产生了新的灵感。巴贝奇发现提花织

▶这是雅卡尔用他自己发明的提花织机编织的肖像

机上的丝线因有孔或无孔而运作或停止。他发现，洞的图案可以用来表示一个抽象的概念，比如一个待处理问题或是解决该问题所需的数据。在他的设想中，穿孔主要作为存储机制，这能够确保数据被保存，以备将来使用。巴贝奇把他的差分机的两个主要部分称为"仓库"和"磨坊"。"仓库"是保存数字的地方，"磨坊"是把数字"编织"进解决方案的地方，它们在现代计算机中相当于内存和中央处理器（CPU）。

巴贝奇最重要的合作者是阿达·拜伦，她是诗人乔治·拜伦的女儿，

后来阿达成为洛芙莱斯伯爵夫人。阿达为那台尚未建成的机器编写程序，并因此获得世界上"第一个计算机程序员"的称号。她发明了子程序，是第一个认识到"循环"的重要性的人。所谓的"循环"是一个重复的指令，直到出现某个特定条件。她写道："……差分机编织代数图案，就像提花织机编织花朵和叶子一样。"

▶巴贝奇差分机的一部分

何乐礼

当时，巴贝奇的差分机没有被真正制造出来，但是将操作指令编码在穿孔卡片上的想法并没有被遗忘。1889 年，美国工程师何乐礼受到火车售票员打孔车票的启发，为美国人口普查局设计出一台基于打孔卡技术的制表机。在此之前，工作人员耗时七年才能完成人口普查。随着人口的不断增长，他们必须找到一种使人口普查过程更快的方法。何乐礼的发明被称为"何乐礼书桌"，它由一个感知卡片上有孔的读卡器，一个记录结果的齿轮驱动装置，以及显示计数结果的表盘指示器组成。

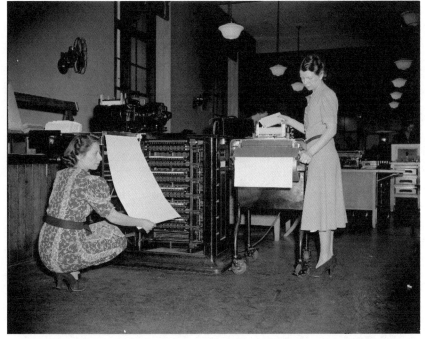

▶用于分析 1940 年美国人口普查数据的何乐礼制表机

何乐礼的发明大幅减少了统计人口普查结果的时间，曾经需要几年才能做完的事情，在这台机器发明以后只需要几个月就能够完成。这是第一个真正意义上的机械信息处理系统。那台 1890 年的制表机只能计数，但何乐礼研发了更多模型，因此，制表机可以应用于会计、仓储和运输等活动。为了将这一发明商业化，何乐礼创立制表机器公司，这是国际商业机器公司（IBM）的前身。

真空管

1904 年，英国科学家弗莱明在电子技术上取得重要突破。弗莱明当时正在研究爱迪生提出的"爱迪生效应"，即电子从白炽灯的热灯丝流向另一个电极的现象。利用这一现象，弗莱明将一根旧的真空管连接到无线电接收电路中，通过这种方式增强微弱的无线信号。后来，弗莱明为这个弗莱明阀门申请了专利。作为二极管的前身，弗莱明阀门为电子学领域奠定了基础。

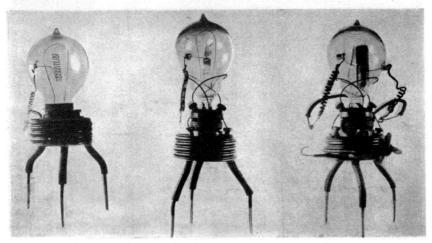

▶弗莱明发明的阀门对电子学的发展至关重要

1907，美国人李·福里斯特（Lee Forest）发明第一台能够扩大的真空管。这种真空管中装有电极，在真空环境中，电极使电流在电极之间流动。真空管内的灯丝被加热以后，电子就会释放，这些电子会流向真空管内带正电的极板，这使得真空管适用于二进制。因此，我们可以用"0"来表示没有电子流到极板，用"1"来表示极板上有可检测到的电流。

真空管是 20 世纪早期电子产品和计算机中至关重要的部件，但它有严重缺陷，玻璃很容易破裂。这意味着真空环境并不稳定，导致真空管无法正常工作。此外，真空管还需要大量的电力，同时也会产生大量的热量，然而，电很快消耗殆尽。一台大型计算机需要数千根真空管，要在这样一个封闭空间中散热是个大问题。

20 世纪 30 年代末，穿孔卡片系统已经非常完备。霍华德·艾肯（ Howard Aiken）和 IBM 的工程师们共同建造了一台名为"哈佛·马克 I"的大型自动数字计算机。这台机器能精确到小数点后 23 位，能够进行加、减、乘、除运算，还能处理对数和三角函数。"哈佛·马克 I"由预先打孔的纸带控制，通过卡片打孔机和电动打字机输出结果。它实现了全自动运行，无须操作就能完成长时间的计算。不过它的计算速度很慢，每次乘法运算需要 3 秒到 5 秒。

1937 年至 1942 年，阿塔纳索夫和贝瑞开发了世界上第一台专用电子计算机。1939 年，阿塔纳索夫建造了原型机，这证实了他设计中的两个核心概念的可行性：以二进制形式存储数据的电容器和执行加减运算的电子逻辑电路。在完成这项工作后，他们开始制造更大、更通用的计算机 Atanasoff-Berry Computer，简称 ABC 计算机。ABC 计算机使用大约 300 根真空管，并使用二进制数、逻辑运算和穿孔卡片来输入/输出数据。第二次世界大战爆发后，ABC 计算机的研发被迫中止。

　　在第二次世界大战中，计算机领域最重要的突破之一是巨人计算机，它是破译密码的核心。巨人计算机由工程师汤米·弗劳尔斯（Tommy Flowers）建造，该项工程于 1943 年年底交付。它是第一台电子数字计算机，除了破译特殊密码，它还可以用于更通用的计算。它在计算过程中使用大约 1800 根真空管，数据以电子形式存储在机器中。

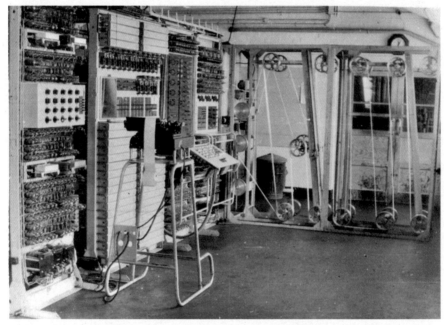

▶在第二次世界大战期间，布莱切利公园的巨人计算机在破译德国密码方面发挥了
　重要作用

冯·诺伊曼结构

　　约翰·冯·诺伊曼（John Von Neumann）是 20 世纪 40 年代研究冲击

波和爆炸波的顶尖专家之一。他意识到，计算机可以帮助他解决研究中出现的许多问题。1944 年，冯·诺伊曼参与了宾夕法尼亚大学莫尔学院的研究。在那里，工程师们制造出第一台可编程电子数字计算机，即 ENIAC。ENIAC 用真空管做电路，用磁鼓做存储器，大约装有 18000 个真空管，70000 个电阻，10000 个电容，6000 个开关和 1500 个继电器，是当时最复杂的计算机之一。它重约 30 吨，高近 2.4 米，长 30 米，被放置于一个约 300 平方米的房间中。它并不是一台真正的台式机，编程很复杂。编写 ENIAC 程序是个体力活，人们需要用插接板和跨接线来重新连接机器，这可能需要数天才能完成。

1946 年，冯·诺伊曼发表了一篇论文，这篇论文被一些人认为是计算机科学诞生的证明。他指出，储存待处理数据的存储器，也可以用来存储正在运行的程序。他提出一个设想：计算机的数据和指令可以保存在一个单独的存储器中，有了储存在计算机中的指令，用户可以根据需要快速地访问它们，而不必先通过纸卡或插接板输入指令。

他对指令进行编码，这样它们就可以被其他指令修改。这是一个巨大的技术进步，此后，一个程序可以将另一个程序作为数据。计算机软件编写方面的大多数进步都源于冯·诺伊曼的思想，而计算机部件连接在一起的方式被称为计算机体系结构。冯·诺伊曼发明的计算机部件的排列方法，至今仍被广泛使用。计算机有以下主要组成部分：一个能执行加法基本运算的单元；用于执行指令的中央处理器；用于存储数据和指令的存储器；输入、输出单元，这样就可以实现机器和人之间的信息互通。赫尔曼·戈德斯坦（Herman Goldstine）在高级研究所教授计算机开发课程，他将冯·诺伊曼的研究报告描述为"有史以来关于计算机最重要的文件"。

▶庞大的 ENIAC 是 20 世纪 40 年代的一个技术奇迹，但它需要花费数天来编写程序

水银和记忆

1880 年，法国物理学家皮埃尔·居里（Pierre Curie）和雅克·居里（Jacques Curie）发现，对石英晶体施加电流会使其振动，反之亦然。20 世纪 30 年代，肖克利演示了延迟线，即一种含有水和乙二醇的管子，其可以用来控制信息传输过程中的延迟。1943 年，ENIAC 的架构师之一埃克特，尝试在他的雷达研究中使用水银延迟线。1944 年的某一天，他萌生了在水银延迟线的两端放置石英晶体的构想，希望能够保持和修改结果生成的模式。于是，他发明了一种新的存储设备。ENIAC 要求每比特信息都需要一

根电子管，而一根延迟线和 10 根真空管可以用来存储 1000 比特的信息。水银延迟线是提高计算机存储能力和可靠性的一个关键突破。

从一般意义上来说，软件是一组指令或者计算机执行一项任务所遵循的程序。真正的"软件"一词，由数学家约翰·图基（John Tukey）在 1958 年《美国数学月刊》上发表的一篇关于电子计算器程序的文章中首次提出。雅卡尔的卡片对他的织布机来说就像软件一样。计算机科学家汤姆·基尔伯恩（Tom Kilburn）被誉为"编写第一个软件"的人，这个软件在当时和几十年后都是在穿孔卡片上编写的，它只有 17 条指令。

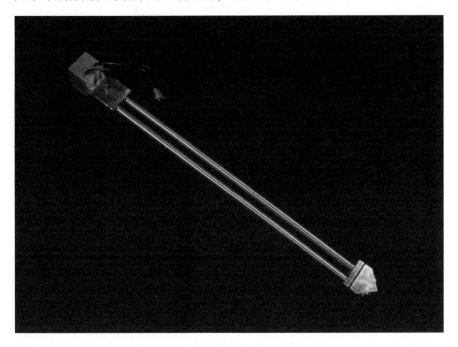

▶埃克特发明了水银延迟线，这是增加计算机存储容量的一个重大突破

基尔伯恩和他的同事们在英国曼彻斯特大学建造了最早的电子计算

机之一，也就是曼彻斯特小型机，它的程序是用基尔伯恩的软件来进行数学计算的。1948 年 6 月 21 日，在曼彻斯特小型机第一次运行时，它花了52 分钟正确计算出 2 的 18 次方的最大除数。它是第一台能够存储程序的计算机。1949 年，曼彻斯特小型机被改进为全尺寸的"曼彻斯特·马克 I"。它有两个重要的新功能：两级存储器和指令修改寄存器，磁鼓充当随机存取的辅助存储设备。

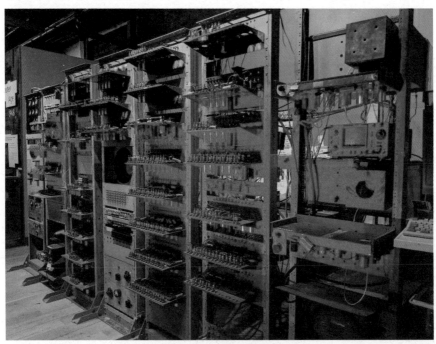

▶曼彻斯特小型机的复制品，它是第一台商用计算机的前身

在曼彻斯特小型机首次运行四个月之后，英国政府与弗兰蒂公司签订合同，要求弗兰蒂公司在"曼彻斯特·马克 I"的基础上，建造一台量产计算机——"弗兰蒂·马克 I"。这是第一台商用计算机，共销售了 9 台。第一个引起公众注意的商用计算机是"通用自动计算机"（UNIVAC I），它

是由埃克特和约翰·莫奇利（John Mauchly）在 1952 年发明的。UNIVAC I 应用于不同的领域，包括公共事业、保险公司，以及美国军方，它共使用 5200 根真空管，重量超过 13 吨。制造商雷明顿兰德公司共卖出 46 台"通用自动计算机"，单价超过一百万美元。

1956 年，麻省理工学院的研究人员开始尝试直接通过键盘输入编程命令。道格·罗斯（Doug Ross）认为，一种名为"Flexowriter"的电控打字机可以作为键盘输入设备，将它连接到麻省理工学院的计算机就可以输入信息。在麻省理工学院的旋风计算机上进行的实验证实，这种技术改进使计算机更加易于使用。

晶体管和微芯片

工程师们为了寻找一种可以替代真空管的物质，将关注点转向半导体领域。半导体物质的导电性介于导体和绝缘体之间，被视为一种可能的解决方案。1926 年，物理学家朱利叶斯·利林菲尔德（Julius Lilienfeld）为他发明的一种晶体管申请专利，这可能是第一个使用半导体控制电流流动的晶体管。不幸的是，由于无法提取纯度足够高的半导体物质，这种设备不可能被真正生产出来。

第二次世界大战结束后，巴丁、肖克利和布拉顿在新泽西州贝尔实验室研究锗晶体，探索其作为半导体的可行性。1947 年，巴丁和布拉顿发明了第一个"点接触"晶体管放大器。他们发现，当两个金箔触点加到锗晶体上时，一个触点上的电流会被锗增强，所以流过另一个触点的电流强度更大。肖克利找到改进这个设计的方法，并制造出 N-型和 p-型锗的"三明治"结型晶体管。由于发明了晶体管，他们三人被共同授予 1956 年诺贝尔物理学奖。

晶体管常常被用于开关上，这是因为它可以开启、关闭电流，并且只需要少量的能量就能将电流放大。通过各种配置设置出来的一系列晶体管，与电阻和电容等其他元件共同构成集成电路及微芯片的基本组成部分。

▶巴丁、肖克利和布拉顿，因发明晶体管而共同获得诺贝尔奖

晶体管改变了电子学世界，尤其是在计算机的发展中发挥至关重要的作用。人们现在可以制造出的计算机不再依赖体积庞大又产生高温的阀门，如今的计算机占用更少空间，消耗的电力也更少，而且效率也大大提高。1953 年，曼彻斯特大学的基尔伯恩监督建造了第一台晶体管计算机，其是 48 比特的曼彻斯特 TC 原型机，共使用 92 个点接触晶体管和 550 个二极管。1956 年，麻省理工学院制造了第一台使用晶体管的通用可编程计算机 TX-0，设计师把每个晶体管电路放在一个类似真空管的"瓶子"里，因此更易更换。TX-0 的程序包括引导一只老鼠穿过迷宫，当这只老鼠发现马提尼酒时，它便醉了。

　　1958 年，德州仪器公司的基尔比发明集成电路。在此之前，晶体管的尺寸是有限制的，因为它必须与电路中的其他组件进行物理连接。基尔比认为，电路的所有部分都可以由单晶硅制成，这将使它更容易生产。几个月后，基尔比制造了一个可用的模型——被称为"固体电路"的电路，有铅笔尖那么大。飞兆半导体公司的罗伯特·诺伊斯（Robert Noyce）也从事了类似的研究。1961 年，诺伊斯获得第一项集成电路专利，而当时基尔比的专利申请还处于评估过程中。如今，人们普遍认为这二人都是这一设想的独立提出者。

▶基尔比首个集成电路的工作模型

　　硅也许不是最好的半导体，但它是迄今资源最为丰富的物质之一。制造出近乎完美的硅晶体相对来说更加容易，这种硅晶体采用波兰科学家扬·柴可拉斯基（Jan Czochralski）在 1915 年发明的方法制成，它是计算机芯片的基础。硅晶体可以被精细地切成薄片，然后根据芯片工作所需的电路设计来进行雕刻和酸腐蚀，由此互连。

1965 年，基尔比负责开发世界上第一个袖珍计算器，微芯片起到重要作用。不到一年，基尔比和他的同事们设计出第一个可以运转的原型机。1967 年，他们为世界上第一个电子手持计算器申请专利，这也是集成电路首次被用于商业。1971 年 4 月 14 日，这个袖珍电子计算机正式发布，正如其名，它大约一本大型平装书那么大，只拥有四个主要的算术功能，其计算结果需要通过热敏打印机呈现。第一个真正的袖珍计算器由日本 Busicom 公司于 1970 年生产，其使用 LED 显示器并拥有专用集成电路。

个人计算

微处理器或许是开启计算革命的最重要发明，它使计算机从庞然大物变成可以放在桌子上的小东西。微处理器只有缩略图那么大，可以同时运行程序、存储信息和管理数据。在微处理器出现之前，计算机的每种功能都需要单独的集成电路芯片。

1971 年，第一个商用微处理器由英特尔工程师特德·霍夫（Ted Hoff）和他的团队研发出来。C4004 微处理器有一个 32 毫米 × 16 毫米的芯片，包含 2300 个晶体管，具有与大型 ENIAC 相同的计算能力。价格低廉的微处理器的出现，使工程师们得以开发功能强大、适用于科学和商业的微型计算机，而不再需要一个房间来放置它们。

微处理器的能力用比特来衡量，C4004 是一个 4 比特芯片。这是以二进制 1 和 0 表示的编码指令的基本单位，计算机对其进行解释以执行任务。处理器越强大，一次可以执行的指令越多，速度也就越快，因此效率就更高。如今，主流芯片是 64 比特芯片。1992 年以来，64 比特寄存器可以存储高达 2^{64} 的数据。

1974 年，微型仪器和遥测系统公司（MITS 公司）推出了一款邮购自建计算机套件，名为"牛郎星"（Altair）。尽管"牛郎星"没有键盘和屏幕，输出的只是一排闪烁的灯光，但它依旧得到大众的喜爱，共有数千个价值 400 美元的套件售出。第二年，MITS 公司聘请保罗·艾伦（Paul Allen）和比尔·盖茨（Bill Gates）为"牛郎星"设计采用 BASIC 编程语言的软件。艾伦和盖茨制作的软件使这台计算机更便于使用，后来，他们用出售"牛郎星"BASIC 赚来的钱成立了自己的公司——微软。

▶改变游戏规则的英特尔 C4004 芯片，它具有与 ENIAC 相同的计算能力

　　微软成立一年后，工程师乔布斯和沃兹尼亚克制造了"苹果 I"计算机。它的构造比"牛郎星"更复杂，内存更大，使用的微处理器更便宜，同时还配有显示器。一年后，乔布斯和沃兹尼亚克推出了"苹果 II"，这款产品不仅有键盘和彩色屏幕，还允许用户将数据存储在盒式磁带上。他们鼓励程序员为计算机创建"应用程序"，如电子表格，这能使计算机的用户群体范围更广。几年之后，计算机在各行各业中得到了普遍应用，最终进入了万千家庭。

量子计算

诸如电子之类的亚原子粒子，具有自旋的特性，电子的自旋赋予某些材料磁性。使用激光可以让电子进入量子物理中已知的叠加状态，在这种状态下，电子同时出现上下自旋。这些叠加电子理论上可以在量子计算机中作为量子位元（量子位）使用，它可以处于"开""关"或介于两者之间的状态，偏振光子也能起到同样的作用。1982 年，理查德·费曼（Richard Feynman）提出，利用叠加态可以释放出巨大的计算能力。潜在的量子位可以用来为更多信息编码，也能处理比简单的二进制计算机更多的任务。

▶苹果Ⅱ是首批"用户友好型"台式计算机之一

1985 年，英国物理学家戴维·多伊奇（David Deutsch）构想了量子计算机的实际工作原理。计算机科学领域在很大程度上建立在"通用计算机"的思想基础之上，这是由英国数学家艾伦·图灵（Alan Turing）在 20 世纪 30 年代首次提出的理论。多伊奇指出，图灵的理念受到经典物理学的限制，因此只能代表可能的计算机的一个子集。多伊奇提出一种基于量子物理的通用计算机设想，它的计算能力是图灵计算机无法企及的，多伊奇还用量子术语完善图灵的研究。

仅仅 10 个量子位就足以同时处理 1023 个数字。如果有 40 个量子位，那么并行计算数量将超过 1 万亿。以这种方式计算，我们只需要几百个量子计算机就能代表比宇宙中原子数量还多的数字。在量子计算机成为现实之前，退相干问题必须得到解决。退相干意味着最小的扰动将会坍缩，或者出现退相叠加态。量子计算可以利用一种量子物理现象来避免这种情况，即量子纠缠，也就是爱因斯坦所说的"远距离幽灵作用"。这使得一个粒子可以影响其他地方的另一个粒子，从而间接地确定量子位的值。

2019 年年底，谷歌推出 Sycamore，这是一款由 54 个超导量子位组成的量子计算机。据称，它只用了 3 分 20 秒就完成了一项世界上最强大的传统超级计算机需要花费 1 万年才能完成的计算任务。

互联网

在半个多世纪的时间里，互联网已经从一个军事通信网络，转变为一个无处不在的数据空间。

1940 年至 1946 年，乔治·斯蒂比兹（George Stibitz）和他在贝尔实验室的团队建造出许多使用机电继电器连接的机器。这是第一批为多个用户服务的机器，也是第一批通过电话线远程运作的机器。不幸的是，缓慢的机械继电器使得它们刚建成就过时了。

如果要追溯互联网的发源地，就必须提到美国国防部的研究部门——高级研究计划局（ARPA），该机构后来变为美国国防高级研究计划局（DARPA）。1962 年，

▶IBM 的 Q 量子计算中心——量子位在绝对零度以上

ARPA 的科学家约瑟夫·利克莱德（J.C.R.Licklider）建议，应该连接不同的计算机，以确保在发生核攻击时拥有活跃的通信网络。1969 年，ARPA 建立阿帕网（Arpanet），这是一个连接全国各地大学、政府和国防承包商的大型计算机网络。

报文分组交换技术

1965 年，ARPA 的首席科学家劳伦斯·罗伯茨（Lawrence Roberts）让两台计算机首次进行了对话。该链路使用电话线，通过一种称为"分组交换"的过程来传输数据。一个大的信息被分为成千上万个大小相同的约 1500 字节的数据包。每个数据包通过网络采用不同的传输路径，而到达最终目的地之后，它们将以正确的顺序重新组合。这种技术非常可靠和高效，即使网络遭到破坏，人们依然能够安全地传输数据。分组交换理论是由罗伯茨和伦纳德·克兰罗克（Leonard Kleinrock）提出的。在英国，国家物理实验室的唐纳德·戴维斯（Donald Davies）独立提出了同样的设想。

1969 年 10 月 29 日，加利福尼亚大学洛杉矶分校网络测量中心、斯坦福研究所、加利福尼亚大学塔芭芭拉分校和犹他大学的网络首次连接在一起。通过原始网络发送的第一条消息是"lo"。那名叫作查尔斯·克莱恩（Charles Kline）的学生试图输入"登录"（Login）一词，但系统在输入到"g"的时候崩溃了。

在接下来的几年里，越来越多的计算机连接到阿帕网。1970 年 12 月，网络工作组（NWG）完成最初的阿帕网主机协议。这项协议被称为网络控制协议（NCP），它允许网络用户创建能够在网络上运行的应用程序。1972 年 10 月，在国际计算机通信会议（ICCC）上，这种新的网络技术首次得到公开演示，这次演示主要包括互动象棋游戏和空中交通管制模拟等。

互联网的一个关键组成部分，是罗伯特·卡恩（Robert Kahn）在 1972 年提出的"开放式体系结构网络"。单个网络可以根据用户的需要设计和开发，然后通过这种结构网络连接到其他网络。

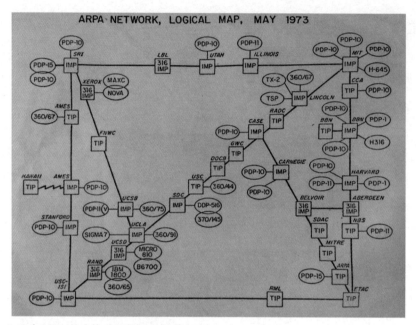

▶图为 1974 年连接到阿帕网的计算机中心

　　通常认为，因特网投入使用的日期是 1983 年 1 月 1 日。这一天，一个名为传输控制协议/互联网协议（TCP/IP）的通信协议被采用，这个协议使得不同网络上不同类型的计算机可以相互"交谈"。在此之前，组成阿帕网的各种计算机网络缺乏相互通信的标准方式。随着 TCP/IP 的出现，如今的网络可以使用通用语言来连接不同类型的计算机。

电子邮件

　　第一个主要的网络应用程序，即电子邮件，在 1972 年 3 月推出。雷·汤姆林森（Ray Tomlinson）编写了基本的电子邮件信息发送和阅读软件，这可以算是用一种简单的方式来协调人们的活动，同时也满足了阿帕网开发人员的使用需求。1972 年 7 月，麻省理工学院的研究员罗伯茨编写了第一个集读取、归档、转发和回复邮件等功能的电子邮件程序。自此之后，电子邮件真正得到了发展，计算机网络中人与人之间的交流大幅增加。

万维网

如今，大家理所当然地认为，我们几乎可以从任何地方获得我们所需的所有信息。储存这些信息的"仓库"，构成了组成互联网的计算机网络，万维网让我们能够如此容易地获得这些信息。

在 20 世纪 80 年代，软件工程师伯纳斯—李加入日内瓦欧洲核子研究组织（CERN）的粒子物理实验室。在那里，科学家们分享信息十分困难，在喝咖啡时向同事询问信息，要比尝试登录多个使用不同程序语言的计算机容易得多。

对此，伯纳斯—李提出了一种解决方案。这个设想涉及当时新开发的超文本—— 一种使用道格拉斯·恩格尔巴特（Douglas Engelbart）的嵌入式可点击词来链接存储文档的方法。20 世纪 80 年代，包括欧洲核子研究组织在内的全球数百万台计算机，通过快速增长的互联网连接起来。1989 年 3 月，在一份名为《信息管理》（*Information Management*）文件

▶伯纳斯—李发明万维网，这一发明永远地改变了我们与计算机交互的方式

的"建议"一栏，伯纳斯—李在他的同事罗伯特·卡里奥（Robert Cailliau）的帮助下，提出了一个新设想，也就是将超文本和互联网连接到一个名为"万维网"的系统中。

1990 年 10 月，伯纳斯—李提出构成互联网的三种基本技术：第一，HTML，即超文本标记语言，是网络的标记、格式化语言；第二，URI，即统一资源标识符，是标识网络上每个资源的唯一互联网"地址"；第三，HTTP，即超文本传输协议，它帮助检索整个网络的链接资源。1990 年年底，第一个 Web 网络服务器开始运行。最初的网页只有简单的黑白文本，而当时伯纳斯—李的计算机还没有配备彩色显示器。

伯纳斯—李的真正愿景，在于他坚信万维网唯有向所有人开放，才能实现真正意义上的腾飞。为此，在 1993 年，他要求欧洲核子研究组织将网络底层代码开放给公众。正是由于这种开放性，网络可访问性大大提高，编程技术快速发展。这意味着，今天我们可以使用互联网开展学术研究，也能够听音乐、看电视、分享各种照片。

智能化

目前，超过四分之一的美国家庭拥有三种以上智能家居设备，但"智能"设备的定义并不简单。从广义上讲，我们可以将它们视为一种可以与之互动的小工具。"智能"一词最初的意思是"自我监控、分析和报告技术"，但后来衍生出"无生命物体"的概念，从汽车到冰箱、智能手机、智能音箱、智能电视，它们对我们所做的事情做出相应的反应，并与我们进行交互。如今，物联网包含所有与互联网连接的东西，计算机、智能手机和可穿戴设备都是物联网的一部分，它们时刻记录着我们的各项活动。

第十四章

机器人与人工智能

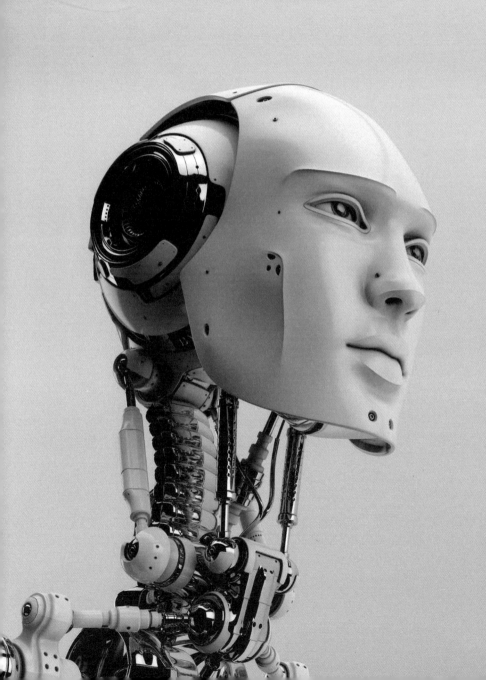

机器人与人工智能

机器人技术发展时间线	
1950 年	图灵首次提出图灵测试。
1956 年	人工智能研究始于约翰·麦卡锡（John McCarthy）、马文·明斯基（Marvin Minsky）、纳撒尼尔·罗切斯特（Nathaniel Rochester）和克劳德·香农（Claude Shannon）。
1961 年	第一个工业机器人 Unimate 在美国通用汽车公司运行。
1963 年	第一个机械臂被应用于医疗保健领域。
1965 年	第一个动力外骨骼机器人"哈迪曼"（Hardiman）诞生。
1985 年	首个以双足行走的机器人 WHL-11 问世。
2016 年	AlphaGo 击败世界顶尖围棋选手李世石。

自动化是指利用技术来完成本应由人类完成的任务，机器人是自动化技术的一个分支。目前，在定义机器人的构成方面仍然存在一些争议。对于"机器人到底是什么"这个问题，人们暂未达成共识。但一般来说，机器人具有一些特定的属性，比如具有一定自主执行任务的能力，以及感知环境的能力。机器人可以模仿人类的动作，但是不同于科幻小说中描述的机器人，现实中的机器人不必在外形上与人类相仿。目前，研究人员正在研发一种可以复制智能行为的机器人——人工智能，而这个领域本身就充满争议。

第一个工业机器人是 Unimate，它是一个用于焊接车身的机器人手臂。Unimate 由乔治·德沃尔（George Devol）和约瑟夫·恩格尔伯格（Joseph Engelberger）设计，在 1961 年被引入通用汽车的生产线，并通过存储在磁鼓上的命令来完成相应的操作。如今，工厂大量使用机器人，因为机器人能够比工人更加快速而准确地完成那些乏味甚至危险的任务。

几乎在同一时期，机器人技术开始对制造业产生影响。在 1966 年到 1972 年，加利福尼亚州的 SRI 国际研究所研发了"沙基"（Shakey），其是该研究所人工智能中心研究的一个主要方向。"沙基"配备了摄像机和碰撞探测器，外形就像一个装有轮子的塔。虽然它的行动笨拙又缓慢，但它可以重新排列简单的物体，执行规划和寻路的任务。"沙基"极大地影响了现代机器人和人工智能的发展，目前它馆藏于加利福尼亚州的计算机历史博物馆。

▶工业机器人Unimate 正在将茶倒进杯子里

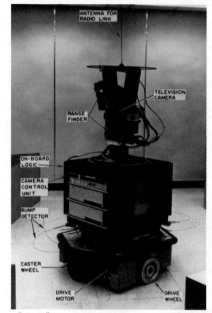

▶ "沙基"可以绕过障碍，它的出现推动了机器人技术的发展

世界上第一个会走路的机器人是 WHL-11。1985 年，WHL-11 首次面向公众展出。它安装了借助液压驱动的腿和机载计算机导航系统，能够在平坦的地面上行走，每走一步大约需要花费 13 秒。WHL-11 可以转弯，这在当时是一项重要成就。包括计算机处理能力和精密加工技术在内的技术创新，使得机器人技术得到进一步发展，越来越复杂的机器人被制造出来。2019 年，波士顿动力公司的"阿特拉斯"（Atlas）机器人令人耳目一新。这个高约 1.8 米的机器人可以在平台之间跳跃，可以在雪地上慢跑，还能够跳过障碍物、做后空翻，甚至可以在被推时保持平衡。也许令人安心的一点是"阿特拉斯"还远没有实现自我控制，目前它仍然需要人类的辅助。

机器人在太空探索中发挥越来越重要的作用，它们能够完成人类几乎不可能完成的任务。诸如机器人冒险家"朱诺号""卡西尼号"和"新视野号"之类的太空探测器，无需食物、水、空气，可以前往人类无法生存的地方。正因如此，把它们送到太阳系最遥远的地方，成本更低，技术上也更容易实现。

医学领域也从机器人技术中受益匪浅。1961 年，海因里希·恩斯特（Heinrich Ernst）在麻省理工学院人工智能实验室，发明第一台由计算机操作的机械手。1963 年，第一个机器人手臂被用于帮助残障人士，这个机器人手臂增加了手指关节，更加灵巧，它可以更为精准地处理物体。1985年，易山果（Yik San Kwoh）博士开发了机器人软件，这个软件的发明使得第一个机器人辅助手术得以实施。帝国理工学院和哥廷根大学的科学家们一直在寻找通过机器学习提高机械手性能的方法。通过在五名截肢者身上测试机械手原型，他们发现基于机器学习的新控制系统能够产生更自然、更流畅的动作。这种新型仿生手共有8个电极，可以接收和放大病人残肢发出的微弱电信号，并将其发送到同样装在假肢内的微型计算机上，然后由机器学习算法解读信号，命令仿生手的马达按照预设轨道移动。

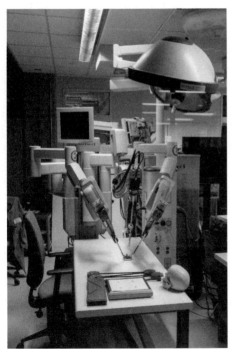

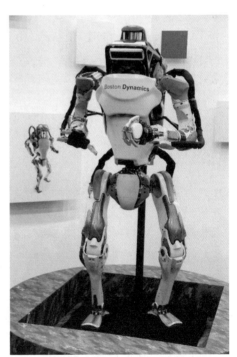

▶图中的机器人名为"达芬奇"（Da Vinci），其能够协助外科医生进行精密手术

▶"阿特拉斯"机器人可以做后空翻，也可以在雪地上慢跑，但它无法进行对话

1965 年，通用电气公司制造出第一个动力外骨骼。这是一台可穿戴机器，可以增强人类操作员的能力。这款名为"哈迪曼"的机器人能够让人们举起比正常情况下重 25 倍的东西。不幸的是，"哈迪曼"只有一条手臂能够按照计划工作。当程序启动时，机器会剧烈地抖动。1986 年，美国陆军游骑兵蒙蒂·里德（Monty Reed）设计出一个更实用的模型。这款最新的 lifessuit 原型机在充满电的情况下，可以行走 1.6 千米，举起 92 千克的东西。

2019 年，美国犹他州的机器人公司 Sarcos 展示了最新发明，这是一款名为 Guardian XO Alpha 的外骨骼，它由可拆卸的可充电电池供电，共装有 24 个电机驱动的电动执行器和 125 个内置传感器，使用者可以轻松地抬起 90 千克的东西。此外，这套装备还能支撑 70 千克的重量，所以操作起来几乎毫不费力。

人工智能

在不引入人工概念来使事情变得更为复杂的前提下，想要给"智能"下一个可行的定义是一件十分困难的事情。人工智能的研究主要集中于人类的能力，如语言、学习、问题解决、推理和感知等。我们尚且不能确定人类自身是如何做到这些事情的，因此想要在机器上复制这些行为就更加困难了。

神经科学家威廉·沃尔特（William Walter）认为，小部分脑细胞之间的连接可以引发复杂的行为。为了证明他的猜想，在 1948 年至 1949 年，沃尔特制造出机器人"埃尔默"（Elmer）和"埃尔西"（Elsie）。他所设计的龟形机器人具有光敏和触觉敏感控制功能，每个机器人都配备一个光探测塑料外壳，这个外壳还可以充当碰撞传感器。光和触摸系统与机器人的电机驱动相互作用，而这使得机器人在绕过障碍物时表现出了某些可以称为"行为"的动作。

1950 年，图灵提出一个问题，目的在于判断一台机器是否具有智能功能。他设计的测试至今仍影响着人们对这个问题的思考。在图灵测试中，需要有一名提问者向处于隐匿状态的两名应答者提问。其中一名被调查者是人类，另一名被调查者则是计算机。这个测试的目的是看提问者是否能够判断

▶通过实验，沃尔特证明了简单的程序也能够催生复杂的行为

出两名被调查者中哪一位是人类。2014 年，一个名叫尤金·古斯特曼的聊天机器人，以 13 岁男孩的形象成功让三分之一的提问者相信自己是人类。不过，目前还没有一个人工智能可以完全通过图灵测试。

1956 年，人工智能的研究起步，"人工智能"一词也在这一年首次被提出。当时麦卡锡、明斯基、罗切斯特和香农主持为期两个月的实地考察。他们认识到，模拟人脑的高级功能超出了现有计算机的能力，但他们认为，人工智能的主要障碍可能不在于缺乏可用的处理能力，而在于人们无法编写出人工智能所需的程序。

在接下来的 20 年里，关于人工智能的研究蓬勃发展，一些重要的计算问题得到解决，口语方面也表现出广阔的前景。正因如此，美国国防高级研究计划局等开始为人工智能的研究提供资金支持。但是，当时的计算机处理信息的速度不够快，因此技术进步停滞了将近 30 年。直到计算机技术进一步发展以后，计算处理能力才让研究人员充满信心。

20 世纪 90 年代，人们对人工智能的兴趣重新燃起。IBM 的"深蓝"计算机创造了历史，它击败国际象棋世界冠军加里·卡斯帕罗夫，这让卡斯帕罗夫也深感震惊。人工智能特别擅长策略游戏。2018 年，谷歌人工智能部门 DeepMind 的研究人员，设计出一款名为 AlphaZero 的程序，它可以玩围棋和国际象棋等双人游戏。AlphaZero 是在 AlphaGo 的基础上研发

▶世界级棋手李世石对战 AlphaGo，后者仍然需要人来实际操作棋子

出来的。2016 年 3 月，AlphaGo 因击败世界围棋选手李世石而一举成名。在一定程度上，AlphaGo 是通过模仿世界级棋手的招数来学习围棋的，而 AlphaZero 除了游戏规则，几乎对围棋一无所知。AlphaZero 的算法可以应用于任何没有隐藏元素的双人游戏中。鉴于它能够领会此类游戏的规则，它在几个小时内就能够成为厉害的玩家。

目前，人工智能的研究主要分为两种，狭义人工智能和广义人工智能。狭义人工智能适用于被编程执行一项特定任务的机器，比如面部识别或自动驾驶汽车。这些系统通常依赖机器的进一步学习，当更多的数据被输入机器时，机器会学习数据以便更好地执行任务。如果你家里有一个智能音箱，你就能体会到狭义人工智能的好处。

机器学习结合了数学与计算机科学。一方面，研究者需着眼于计算机从数据中学习的方式；另一方面，研究过程还涉及从海量数据集构建统计模型。机器学习有两类，监督学习和非监督学习。监督学习的目的是预测一个已知的输出端或目标，受过训练的人可以很好地完成该任务。在医学领域中，对心电图的自动解释就是一个监督学习的案例，它主要通过模式识别进行诊断。计算机能够重复完成一名训练有素的医生才可以做到的事情，还能始终保持高精度，没有疲劳或注意力不集中的危险。

曼彻斯特大学制造出来的人工智能机器人伊芙（Eve），通过机器学习加快了新药的寻找进程。正常情况下，研究人员需要筛选成百上千种化合物，才有可能找到具有积极医疗效果的物质。这是一个高度劳动密集的过程，研究人员可能需要多年探索才能完成。然而，伊芙能够每天筛选 10000种以上的化合物，能够更快找到最有可行性的候选药物。此外，伊芙还能够多次测试采样数，以减少假阳性的可能性，还能够排除可能有毒或产生有害副作用的药物。伊芙甚至能够预测新的化合物，这些化合物可以在药物测试中获得更高分数。通过测试那些导致疟疾等疾病的寄生虫的关键分子，伊芙找到了一种曾在抗癌药物研究中出现的化合物，其能够有效应对疟疾等疾病。

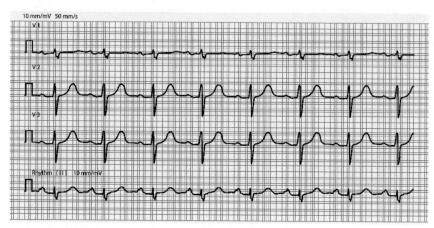

▶机器学习可以用来快速、准确地分析心电图

无监督学习使用试错法来确定完成任务的最佳方式，其目的是找到数据中自然产生的模式或分组。计算机能够发现数据中的人类不易察觉的关联性。

广义人工智能，适用于能够像人类一样思考和学习的机器。一个具有完全人工智能能力的机器能够处理事务且独立做出决定，无须事先训练或人类干预。目前，狭义人工智能领域已经取得引人注目的进展，广义人工智能领域的突破却并不多。

也许人工智能的终极目标是人工超级智能，但这仍待商榷。人工超级智能不仅能理解人类、模仿人类行为，而且具有自我意识，甚至可能超越人类。我们的技术离建造出真正的人工超级智能还有多远？目前尚无定论。如果以人类技术发展史为依据，我们可以考虑探索这一领域的可能性，并且建立必要的基础设施。这样看来，如果这个目标有可能实现，那么在将来的某一天，我们或许会取得丰硕的成果。

▶超级智能机器是否真的有可能出现

版权贸易合同登记号　图字: 01-2021-4493

图书在版编目（CIP）数据

进击的技术：塑造世界的科技突破 ／（英）罗伯特·斯奈登（Robert Snedden）著；马丽群译. —北京：电子工业出版社，2022.4
书名原文：GREAT BREAKTHROUGHS IN TECHNOLOGY: The scientific and industrial innovations that changed the world
ISBN 978-7-121-43068-8

Ⅰ. ①进… Ⅱ. ①罗… ②马… Ⅲ. ①科技发展－世界－普及读物 Ⅳ. ①N11

中国版本图书馆 CIP 数据核字（2022）第 037122 号

责任编辑：黄　菲　　　文字编辑：刘　甜
印　　　刷：河北迅捷佳彩印刷有限公司
装　　　订：河北迅捷佳彩印刷有限公司
出版发行：电子工业出版社
　　　　　北京市海淀区万寿路 173 信箱　　　邮编：100036
开　　本：720×1 000　1/16　印张：17.25　　字数：274 千字
版　　次：2022 年 4 月第 1 版
印　　次：2022 年 4 月第 1 次印刷
定　　价：108.00 元

凡所购买电子工业出版社图书有缺损问题，请向购买书店调换。若书店售缺，请与本社发行部联系，联系及邮购电话：（010）88254888，88258888。
质量投诉请发邮件至 zlts@phei.com.cn，盗版侵权举报请发邮件至 dbqq@phei.com.cn。
本书咨询联系方式：1024004410（QQ）。